中国科学技术经典文库·数学卷

直交函数级数的和

陈建功 著

U0297735

科学出版社

北京

内 容 简 介

本书是作者在多年研究与数学积累的基础上写成的专著. 全书共7章, 内容包括: 就范直交函数系、三角级数、傅里叶级数的绝对收敛、傅里叶级数的正阶切萨罗平均法绝对求和、傅里叶级数的负阶切萨罗绝对求和、傅里叶级数之共轭级数的绝对收敛、超球面函数的拉普拉斯级数.

本书可作为高等院校数学专业的研究生、教师的教学参考书, 也可供相关领域的科研人员参考.

图书在版编目(CIP)数据

直交函数级数的和/陈建功著. —北京: 科学出版社, 2010
(中国科学技术经典文库·数学卷)
ISBN 978-7-03-028478-5

I. ①直… II. ①陈… III. ①正交级数 IV. ①O174.21

中国版本图书馆CIP数据核字(2010)第148914号

责任编辑: 赵彦超/责任校对: 李 影
责任印制: 张 伟 /封面设计: 王 浩

科 学 出 版 社 出版
北京东黄城根北街 16 号
邮政编码: 100717
http://www.sciencep.com

北京凌奇印刷有限责任公司 印刷
科学出版社编务公司排版制作
科学出版社发行 各地新华书店经销

*

1954 年 10 月第 一 版 开本: B5 (720 × 1000)
2018 年 5 月第二次印刷 印张: 11 1/2
字数: 224 000

定价: 79.00 元
(如有印装质量问题, 我社负责调换)

目　　录

绪　论

本篇是陈建功从1928年到1953年关于直交函数傅里叶级数的研究汇辑所成. 大部分已经发表在中外杂志, 其中只有一节是未曾发表过的. 已经发表过的结果也有不采入此篇的.

设 E 是由点 x 所成之一集, $\varphi(x,\lambda)$ 是在 E 上所定义之一函数; λ 是参数, 其可取值的范围是 Λ. 点集 E 可以为线性集, 也可以为 p 度空间中的集. 关于 E, 设有解析的运算子 U, 使 $U(\varphi(x,\lambda))$ 和 $U(\varphi(x,\lambda)\cdot\varphi(x,\lambda'))$ 都有一定的数值, 但 λ 和 λ' 都属于 Λ. 假如

$$U(\varphi(x,\lambda)\cdot\varphi(x,\lambda'))\begin{cases} =0 & (\lambda\neq\lambda') \\ \neq 0 & (\lambda=\lambda') \end{cases}$$

对于 Λ 中任何 λ, λ' 都成立, 那么称 $\varphi(x,\lambda)$ 关于 U 成一直交系.

假如对于 Λ 中任何 λ, 等式 $U(\varphi^2(x,\lambda))=1$ 常成立, 则称 $\varphi(x,\lambda),\lambda\in\Lambda$ 是一就范的直交系.

在本篇中, 所研究的直交系, 是具有种种形态的.

在第 1 章中, 专论有限区间 (a,b) 上的就范直交系, 此时 U 的意义是 $\int_a^b\cdots dx$. 利用傅比尼之一定理, 证明了孟孝夫(Меньцов)和拉德马赫(Rademacher)的收敛定理; 本篇中的证明, 比较原来的, 要简单些. 此收敛定理是与求和定理在逻辑上是等价的. 等价的证明, 是写在 1.1 节; 求和定理是由孟孝夫、波尔根(Borgen)、喀司马次(Kaczmarz)各自独立发明的. 在 1.1 节中, 作者又证明了关于直交函数级数之部分和的一个收敛定理. 在 1.2 节, 作者批判了齐革蒙特关于级数 $\sum C_n\varphi_n(x)$ 的里斯求和定理. 在 1.3 节, 作者估计直交函数系 $\varphi_n(x)(0\leqslant x\leqslant 1)$ 的勒贝格函数列, 得着良好的结果:

$$\rho_n(x)=o((\log n)^{\frac{1}{2}\varepsilon}\sqrt{n}), \quad \varepsilon>0.$$

斯捷克洛夫(Стекдов)证明: 设在 (a,b) 上的就范直交函数系 $\varphi_1(x)$, $\varphi_2(x),\cdots$ 对于任何多项式 $p(x)$ 成立着帕塞瓦尔的公式

$$\int_a^b p^2(x)dx = \sum_1^\infty \left(\int_a^b p(x)\varphi_n(x)dx \right)^2,$$

则此系 $\varphi_n(x)$ 一定是完备的. 大马金(Tamarkin)另有关于完备性的条件, 1.4 节证明着简单且一般的完备性条件, 从这些条件立刻可以导出大马金和斯捷克洛夫的定理. 在 1.5 节中, 作者又将孟孝夫的不等式

$$\left[\int_0^1 \left| \sum_{m=1}^{n(x)} c_m\varphi_m(x) \right|^2 dx \right]^{\frac{1}{2}} \leqslant C\log n \sqrt{c_1^2 + \cdots + c_n^2}, \qquad n(x) \leqslant n$$

拓广成里斯与豪斯多夫(Hausdorff)的形式:

$$\left[\int_0^1 \left| \sum_{m=1}^{n(x)} c_m\varphi_m(x) \right|^b dx \right]^{1/b} \leqslant C(\log n)^{(2a-2)/a} M^{(2-a)/a} \left(\sum_{m=1}^n |a_m|^a \right)^{1/a},$$

但 $|\varphi_m(x)| \leqslant M, 1 < a < b, b = a(b-1)$.

第 2 章专论傅里叶级数与其共轭级数的收敛问题. 设 $f(x) \sim \sum A_n(x)$, 对于克罗内克(Kronecker)的极限

$$\lim_{n \to \infty} \frac{A_1(x) + 2A_2(x) + \cdots + nA_n(x)}{n},$$

作者给它一个充足条件, 这是固定 x 的话. 固定了 x, 作者又作 f 的平均函数:

$$\varphi_0(t) = \varphi(t) = \frac{1}{2}\{f(x+t) + f(x-t)\},$$

$$\varphi_v(t) = \frac{1}{t}\int_0^t \varphi_{v-1}(t)dt, \qquad v \geqslant 1.$$

建立着如下的定理: 假如 $\lim_{t \to 0} \varphi_2(t) = s$, 且对于某一 $k \geqslant 1$, 函数

$$\Phi_k(t) \equiv \frac{\varphi_0(t) - k\varphi_1(t) + \cdots + (-1)^k \varphi_k(t)}{t}$$

在 $(0, \pi)$ 上依勒贝格(Lebesgue)的意义可以积分, 则 $\sum A_n(x)$ 在 x 收敛. 假如 $\varphi_2(t)$ 当 $t \to 0$ 时没有极限, 那么 $\Phi_k(t)$ 虽可积分, 级数 $\sum A_n(x)$ 不可能用切萨罗(Cesàro)的方法求其和. k 若增大, 则定理可以应用的范围亦较广. 但是这些判定法, 并不包含关于函数 $\cos(At^{-2} + B + tl(t)), l(t) \in L$ 的傅里叶级数在 $t = 0$ 的收敛定理. 这

些事情,详述在 2.2 节. 在 2.3 节,作者拓广了米斯拉(Misra)对于共轭级数的收敛定理;这个拓广的定理,是与傅里叶级数的格根(Gergen)判定法相当的. 在 2.4 节,作者叙述了三个定理,都是关于利普希茨函数之傅里叶级数的 (C, β) 求和的;其中的一个定理是:假如有界变差的函数 $f(x)$ 属于 $\text{Lip}\, k$, $0 < k < 1$,那么当 $\beta > -\dfrac{1}{2} - \dfrac{1}{2} k$ 时, $f(x)$ 的傅里叶级数 $\sum A_n(x)$ 可用 (C, β) 平均法求其和. 证明移在第 5 章中. 在 2.5 节,作者拓广了普里瓦洛夫 Ливадов)关于导级数求和的一个定理.

　　第 3 章是专讲傅里叶级数的绝对收敛. 在 3.1 节,作者指出了绝对收敛三角级数的特征,定理如下:三角级数处处绝对收敛的充要条件是:它是如下的形式的函数

$$f(x) = \frac{1}{\pi} \int_{-\pi}^{\pi} f_1(\xi) f_2(\xi + x) d\xi$$

的傅里叶级数,但 $f_i(x) \in L^2(-\pi, \pi), f_i(x + 2\pi) = f_i(x); i = 1, 2$.

　　傅里叶级数在一定点的绝对收敛性是有关于整个函数 $f(t)(0 \leqslant t \leqslant r\pi)$ 的,并非 $f(t)$ 在此定点近旁之一局部性. 但是假如 $f(t)$ 的傅里叶级数 $\sum A_n(t)$ 与其共轭级数 $\sum B_n(t)$ 都在同一点 $t = x$ 绝对收敛,则两级数处处绝对收敛. 利用此事实,在 3.3 节,作者证明了如下的定理:设 $f(t) \sim \sum A_n(t)$ 是一有界变差的连续函数. 假如存在着一点 $t = x$,使

$$\int_0^\pi \frac{|f(x+t) - f(x-t)|}{t} dt < \infty, \qquad \int_0^\pi |d\{f'(x \pm t)t\}| < \infty,$$

那么, $\sum A_n(t)$ 处处绝对收敛. 置 $2\varphi(t) = f(x+t) + f(x-t)$,两条件

$$\int_0^\pi |d\varphi(t)| < \infty \quad \text{和} \quad \int_0^\pi |d(t\varphi(t))| < \infty$$

含有 $\sum |A_n(x)| < \infty$. 此定理的证明和它的拓广都详言在 3.2 节. 固定 x ,当 $\sum |A_n(x)| < \infty$ 时, t 的函数

$$\frac{\rho(t)}{t} \int_0^t \varphi(t) dt$$

在 $(0, \pi)$ 中是有界变差的,但是 $\rho(t)$ 是一全连续函数,且 $\dfrac{\rho(t)}{t}$ 在 $(0, \pi)$ 上依勒贝格的意义可以积分. 这是对于绝对收敛之一必要条件,详见 3.4 节.

　　第 4 章的主要论题是傅里叶级数在一定点用正阶切萨罗平均法求和. 在 4.1 节,作者证明:假如平均函数

$$[\varphi(t)]_\alpha = \frac{\alpha}{t^\alpha} \int_0^t (t-u)^{\alpha-1} \varphi(u) du, \quad \alpha > 0$$

在 $(0,\pi)$ 上是有界变差，那么，$\sigma_n^\alpha - \sigma_{n-1}^\alpha = O(n^{-1})$，但

$$\sigma_n^\alpha = \frac{1}{(\alpha)_n} \sum_{v=0}^n (\alpha)_{n-v} A_v(x), \quad (\alpha)_n = \frac{(\alpha+1)(\alpha+2)\cdots(\alpha+n)}{n!}.$$

此定理当 $\alpha = 0$ 是一古典的结果. 假如柯西(Cauchy)积分

$$\chi(t) = \int_{+0}^t \frac{\varphi(u)}{u} du$$

存在且 $t^{-1}\chi(t) \in L(0,\pi)$，那么当 $\alpha > 2$ 时，$\sum A_n(x)$ 可用绝对切萨罗平均法 $|C,\alpha|$ 求它的和；就是说，级数 $\sum(\sigma_n^\alpha - \sigma_{u-1}^\alpha)$ 绝对收敛. 这个定理还可扩充，减轻条件而增高 $\alpha: \alpha > m+1$. 详见 4.2 节.

第 5 章专论傅里叶级数关于负阶的切萨罗平均法的绝对求和. 某级数 $\sum u_n$ 当用 $|C,\alpha|$ 求和法可以求和的话，那么它也可用 $|C,\alpha+\varepsilon|$ $(\varepsilon > 0)$ 求和法求其和. 此定理当 $\alpha \geqslant 0$ 时，是熟知的事实. 对于 $-1 < \alpha < 0$ 时，作者给它一个证明，这个证明，似乎是新的. 本章中有些议论依赖着幂级数的性质，因此对于幂级数——在其收敛圆周上——的 $|C,\alpha|, \alpha < 0$，求和，首先证明几个定理，然后从幂级数的定理导出关于傅里叶级数的定理.

第 6 章是对于傅里叶级数的共轭级数，研究它的切萨罗绝对可求和性. 比较傅里叶级数的议论，肯定的要复杂一些. 例如在 3.2 节中，证有如下的定理：若函数

$$\frac{d}{dt} \int_0^t \left(\frac{u}{t-u}\right)^a \varphi(u) du \quad (0 < a < 1)$$

在 $(0,\pi)$ 中为有界变差，则 $f(t)$ 的傅里叶级数 $\sum A_n(t)$ 当 $t = x$ 时绝对收敛. 但是，置 $2\psi(t) = f(x+t) - f(x-t)$，

$$\chi_0(t) = \frac{d}{dt} \int_0^t \left(\frac{u}{t-u}\right)^a \psi(u) du \quad (0 < a < 1)$$

时，两个条件

$$\int_{-\pi}^\pi |d\chi_0(t)| < \infty \quad \text{和} \quad \int_{-\pi}^\pi \left|\frac{\chi_0(t) - \chi_0(0)}{t}\right| dt < \infty$$

并不含有共轭级数在点 x 的绝对收敛性.

设 p 是大于 3 的一个整数, 幂级数展开

$$(1 - 2z\cos\gamma + z^2)^{-(p-2)/2} = \sum_{n=0}^{\infty} L_n(\cos\gamma)z^n$$

中的系数 $L_n(\cos\gamma)(n = 0, 1, 2, \cdots)$ 在超球面

$$S : x_1^2 + x_2^2 + \cdots + x_p^2 = 1$$

上成一直交函数系, 此时运算子 U 为 $\int_S \cdots d\omega \quad d\omega$, 表示 S 的曲面元素. 考茟贝脱良兹(Kogbetliantz)曾在普通的球面上研究了超球面函数级数的性质. 第 7 章则在超球面 S 上研讨超球面函数级数——拉普拉斯级数——的切萨罗可求和性.

第1章 就范直交函数系

1.1 直交函数级数的收敛及其$(C,1)$求和性[①]

1. 设$c_1, c_2, \cdots$是一实数数列，$\varphi_1(x), \varphi_2(x), \cdots$是区间$(0，1)$上之一就范直交函数系，关于直交函数级数

$$c_1\varphi_1(x) + c_2\varphi_2(x) + \cdots, \tag{1}$$

我们有已知的两个定理：

(A) 孟孝夫与拉德马赫的收敛定理：若级数$\sum \log^2 v \cdot c_v^2$收敛，则级数(1)在$(0,1)$中几乎处处收敛[②].

(B) 孟孝夫、波尔根和喀司马次的求和定理：若级数$\sum (c_v \log\log v)^2$收敛，则级数(1)几乎处处可用算术平均法求它的和[③].

从表现上看来，(A)和(B)是绝然不同的两个事实，但是我们容易从(A)导出(B)，从(B)导出(A). 这就是说：

定理 1 两定理(A)和(B)是等价的.

事实上，(A)和(B)都同下面的定理等价：

(C) 置$S(x, p) = c_1\varphi_1(x) + \cdots + c_p\varphi_p(x)$. 若级数$\sum (C_v \log\log v)^2$收敛，则函数列

$$S(x, 2), S(x, 2^2), \cdots, S(x, 2^n), \cdots \tag{2}$$

在$(0，1)$中几乎处处收敛.

定理(C)在波尔根和喀司马次的论文中都有证明.

2. 收敛定理与求和定理的等价. 为了理论的完备起见,作者把定理(A)重新证明. 这个证明, 比较原来的要简单些. 其次, 证明了(A)和(C)的等价性；又其次, 证明(B)和(A)的等价性；最后证明了下面的

定理 2 若级数$\sum c_v^2 \log v$收敛，则必有如下的正整数列$k_1, k_2, \cdots$,

---

① 参阅 K. K. Chen [1],[2].

② Rademacher [1], Menchoff [1].

③ Menchoff [4], Menchoff [2], Borgen [1], Kaczmarz [1].

$$k_n < k_{n+1}, \quad \lim_{n \to \infty} \frac{k_{n+1}}{k_n} = 1,$$

函数列 $S(x,k_1), S(x,k_2), \cdots$ 在区间$(0，1)$中几乎处处收敛.

1.1.1 孟孝夫与拉德马赫定理的证明

3. 首先引入孟孝夫的记号：$\chi(l,s) = 2^m + s \cdot 2^l$,

$$D(x,l,s) = S(x, \chi(l,s+1)) - S(x, \chi(l,s)),$$

但 m, s, l 是如下的整数：$0 \leqslant l < m, 0 \leqslant s < 2^{m-l}$.

其次，在 $\sum c_v^2 (\log v)^2 < \infty$ 的条件下，证明下面种种事实：

$1°$. 区间中$(0,1)$存在着如下的点集 T，T 的测度 $|T| = 1$，当 $x \in T$ 时，对于任一正数 δ，有正整数 $m_0(x)$，使不等式

$$m \sum_{l,s} \left[D(x,l,s)\right]^2 < \delta^2$$

当 $m \geqslant m_0(x)$ 时成立.

要证此事，置

$$U_m(x) = \int_0^x m \sum_{l,s} (D(x,l,s))^2 dx, \quad 0 < x < 1.$$

那么

$$U_m(x) \leqslant U_m(1) = m \sum_{l,s} \sum_{x(l,s)+1}^{x(l,s+1)} c_v^2 = m \sum_l \sum_{2^m+1}^{2^{m+1}} c_v^2$$

$$= m^2 \sum_{2^m+1}^{2^{m+1}} c_v^2 \leqslant \sum_{2^m+1}^{2^{m+1}} c_v^2 (\log v)^2,$$

此地对数是以 2 做底的. 所以 $\sum U_m(x)$ 在$(0，1)$中是处处收敛的. 由傅比尼之一定理，级数

$$\sum_{m=1}^{\infty} \left\{ m \sum_{l,s} (D(x,l,s))^2 \right\}$$

在区间$(0，1)$中几乎处处收敛. 因此当 $m \to \infty$ 时，$m \sum_{l,s} (D(x,l,s))^2$ 几乎处处收敛于 0，由是即得所要的结果.

2°. 若 $2^m \leqslant n < 2^{m+1}$，则当 $x \in T, m \geqslant m_0(x)$ 时，

$$| S(x,n) - S(x,2^m) | < \delta.$$

欲事证明，将 n 展成 2 进位的数：

$$n = \delta_0 + \delta_1 2 + \delta_2 2^2 + \cdots + \delta_i 2^i + \cdots + \delta_{m-1} 2^{m-1} + \delta_m 2^m,$$

其中 $\delta_i(\delta_i - 1) = 0, \delta_m = 1$. 置

$$S_i = \delta_{i+1} \cdot 2 + \cdots + \delta_{m-1} 2^{m-i-1},$$

则得 $S(x,n) - S(x,2^m) = \sum\limits_{i=0}^{m-1} \delta_i D(x,i,S_i)$. 因此

$$\left\{ S(x,n) - S(x,2^m) \right\}^2 \leqslant \sum_{v=0}^{m-1} \delta_v^2 \sum_{i=0}^{m-1} (D(x,i,S_i))^2 \leqslant m \sum_{l,s} (D(x,l,s))^2.$$

故若 $x \in T$，则当 $m \geqslant m_0(x)$ 时，$\left\{ S(x,n) - S(x,2^m) \right\}^2 \leqslant \delta^2$. 证明已毕.

3°. 区间 (0, 1) 中有如下的点集 $R, | R | = 1$，当 $x \in R$ 时，对于任一正数 δ，有正整数 $m_1(x)$，使不等式

$$| S(x,2^m) - S(x,2^{m'}) | < \delta$$

当 $m' \geqslant m_1(x)$ 时成立.

事实上，因级数 $\sum c_v^2$ 的收敛，必有函数 $f(x)$ 适合

$$\int_0^1 \{f(x)\}^2 \, dx = \sum c_v^2, \quad c_v = \int_0^1 f(x) c_v(x) \, dx \quad (v = 1, 2, \cdots).$$

现在应用傅比尼的定理于级数

$$\sum_{m=1}^{\infty} \int_0^x \left\{ f(x) - s(x,2^m) \right\}^2 \, dx, \quad 0 < x < 1.$$

其第 m 项不大于

$$\int_0^1 \left\{ f(x) - S(x,2^m) \right\}^2 \, dx = \sum_{v=2^m+1}^{\infty} c_v^2.$$

而

$$\sum_{m=1}^{\infty} \sum_{v=2^m+1}^{\infty} c_v^2 = \sum_{m=1}^{\infty} m \sum_{v=2^m+1}^{2^{m+1}} c_v^2 \leqslant \sum_{m=1}^{\infty} \sum_{v=2^m+1}^{2^{m+1}} c_v^2 \log v = \sum_{v=3}^{\infty} c_v^2 \log v$$

是收敛的. 因此上面的级数 $\sum \int_0^x \cdots dx$ 是一收敛级数. 所以

$$\lim_{m \to \infty} \left\{ f(x) - S(x, 2^m) \right\}^2 = 0$$

几乎处处成立. 从不等式

$$| S(x, 2^m) - S(x, 2^{m'}) | \leqslant | f(x) - S(x, 2^m) | + | f(x) - S(x, 2^{m'}) |$$

知 3° 是真的.

4. 设 R 与 T 的通集 $R \cdot T = E$, 则 $| E | = 1$. 设 $x \in E$. 设两整数 $2^{m_0(x)}$ 和 $2^{m_1(x)}$ 之大者是 $n_0(x)$, 那么当 $n \geqslant n_0(x), n' \geqslant n_0(x)$ 时,

$$2^m \leqslant n < 2^{m+1}, \quad 2^{m'} \leqslant n' < 2^{m'+1}$$

的话, m 和 m' 都 $\geqslant \max(m_0(x), m_1(x))$. 由是, 从

$$| S(x, n) - S(x, 2^m) | < \delta \qquad (2°),$$
$$| S(x, 2^m) - S(x, 2^{m'}) | < \delta \qquad (3°),$$
$$| S(x, 2^{m'}) - S(x, n') | < \delta \qquad (2°)$$

得

$$| S(x, n) - S(x, n') | < 3\delta.$$

所以级数 $\sum c_v \varphi_v(x)$ 收敛. 但 x 是 E 中任意一点, 故定理证毕.

1.1.2 (A)和(C)的等价

5.1 从(A)导出(C). 显然, 我们不妨假设一切和

$$\gamma_m^2 = c_{2^m+1}^2 + c_{2^m+2}^2 + \cdots + c_{2^{m+1}}^2$$

都是正的. 因此, 置

$$\psi_m(x) = \frac{c_{2^m+1} \varphi_{2^m+1}(x) + \cdots + c_{2^{m+1}} \varphi_{2^{m+1}}(x)}{\sqrt{c_{2^m+1}^2 + \cdots + c_{2^{m+1}}^2}}$$

时, 得

$$\int_0^1 \psi_i(x)\psi_i(x)dx = 0 \quad (i \neq j),$$

$$\int_0^1 (\psi_m(x))^2 dx = 1 \quad (m = 1,2,\cdots).$$

所以 $\psi_1(x),\psi_2(x),\cdots$ 在 $(0,1)$ 上成一就范的直交函数系.

今证 $\gamma_1\psi_1(x) + \gamma_2\psi_2(x) + \cdots$ 是一概收敛级数. 事实上,

$$\sum_{m=1}^\infty (\log m)^2 \gamma_m^2 = \sum_{m=1}^\infty (\log m)^2 \sum_{2^m+1}^{2^{m+1}} c_v^2 \leqslant \sum_{v=3}^\infty (\log\log v)^2 c_v^2.$$

由 (C) 的假设, 上面的级数是收敛的. 由 (A), $\sum \gamma_m\psi_m(x)$ 是一概收敛级数. 这就是说, 函数列 $S(x,2^m)(m = 1,2,\cdots)$ 几乎处处收敛.

5.2　从 (C) 导出 (A). 我们首先引入如下的定义. 对于 $\{\varphi_n(x)\}$, 假如有 $\{\psi_m(x)\}$ 使 "合成系统"

$$\{\varphi_n(x)\} + \{\psi_m(x)\} = \varphi_1(x),\psi_1(x),\varphi_2(x),\psi_2(x),\cdots$$

在 $(0,1)$ 上成一就范的直交函数系的话, 则称 $\{\varphi_n(x)\}$ 是一 "无限不完备系".

我们先行假设 $\{\varphi_n(x)\}$ 是一无限不完备系. 那么有 $\{\psi_m(x)\}$ 使合成系统 $\{\varphi_n(x)\} + \{\psi_m(x)\}$ 在 $(0,1)$ 上成一就范直交系. 今置

$$\Phi_m(x) = \psi_m(x)\,(m\text{ 不是 2 的乘幂}), \quad \Phi_{2^n}(x) = \varphi_n(x),$$

则 $\Phi_1(x),\Phi_2(x),\cdots$ 在 $(0,1)$ 上成一就范的直交系. 置 $K_{2^n} = C_n$; 当 m 不是 2 的乘幂时, 置 $K_m = 0$. 今证 $\sum K_m\Phi_m(x)$ 是一概收敛级数. 事实上, 由假设

$$\sum_{v=1}^\infty c_v^2 (\log v)^2 = \sum_{v=1}^\infty K_{2^v}^2 (\log v)^2 = \sum_{v=2}^\infty K_v^2 (\log\log v)^2$$

是一收敛级数, 故由定理 (C), 函数列

$$\sum_{m=1}^{2^n} K_m\Phi_m(x) = S(x,n) \quad (n = 1,2,\cdots)$$

在 $(0,1)$ 上是概收敛的. 因此 $\sum c_v\varphi_v(x)$ 几乎处处收敛.

假如 $\varphi_n(x)(n = 1,2,\cdots)$ 并不是一个无限不完备系, 那么

$$\{\varphi_{2n-1}(x)\} \quad \text{和} \quad \{\varphi_n(x)\}$$

各自成无限不完备系. 级数 $\sum c_v^2 (\log v)^2$ 的收敛含有

$$\sum_{n=1}^{\infty} c_{2n-1}^2 (\log n)^2 < \infty \quad \text{和} \quad \sum_{n=1}^{\infty} c_{2n}^2 (\log n)^2 < \infty.$$

故由上面所说，$\sum\limits_{n=1}^{\infty} c_{2n-1}\varphi_{2n-1}(x)$ 和 $\sum\limits_{n=v}^{\infty} c_{2n}\varphi_{2n}(x)$ 都是概收敛级数. 因此，$\sum c_v \varphi_v(x)$ 也是概收敛级数. 所以(A)与(C)是等价的.

1.1.3 (A)和(B)的等价

6. 既知(A)与(C)的等价，假如证明了(B)与(C)的等价，那么(A)与(B)等价，定理1的证明乃得完成. 至于(B)与(C)的等价，从下面所述两事可以明白：

(i) 若级数 $\sum c_v^2$ 收敛，则关系 $\lim\limits_{m\to\infty}\{S_{2^m}(x) - S(x, 2^m)\} = 0$ 在$(0,1)$中几乎处处成立，但

$$S_n(x) = \frac{S(x,1) + S(x,2) + \cdots + S(x,n)}{n}.$$

证明见诸波尔根(Borgen)的论文.

(ii) 若级数 $\sum c_v^2$ 收敛且函数列 $S(x, 2^n)\,(n = 1, 2, \cdots)$ 概收敛，那么函数列 $S_1(x), S_2(x), \cdots$ 也几乎处处收敛. 这就是说，$\sum c_v \varphi_v(x)$ 可用算术平均法求它的和.

其证明含在波尔根的"定理1"的证明中，又参见喀司马次(Kaczmarz)[2].

1.1.4 定理2的证明

7. 波尔根的论文中，证有如下的结果(定理2)：设 $\sum c_v^2 (\log\log v)^2$ 是一收敛级数，$k_1, k_2, \cdots$ 是如下的整数列：

$$\frac{k_v}{k_{v-1}} > \alpha > 1 \quad (v = 1, 2, \cdots),$$

则函数列 $S(x, k_1), S(x, k_2), \cdots$ 在$(0,1)$中几乎处处收敛. 但是，假如级数 $\sum c_v^2 \log v$ 收敛的话，则存在着如下的整数列 $k_1, k_2, \cdots$：

$$\frac{k_v}{k_{v-1}} \to 1 \quad (v \to \infty);$$

函数列 $S(x, k_1), S(x, k_2), \cdots$ 在$(0,1)$中概收敛.

事实上，置

$$k_{v-1} = [v^{\log v}] + 1$$

时，即得 $k_{v+1}/k_v \to 1$. 我们不妨假设 $c_v \neq 0(v = 1,2,\cdots)$. 置

$$\gamma_v = \sqrt{c_{k_{v-1}+1}^2 + \cdots + c_{k_v}^2},$$

$$\psi_v(x) = \frac{1}{\gamma_v}\left\{c_{k_{v-1}+1}\varphi_{k_{v-1}+1}(x) + \cdots + c_{k_v}\varphi_{k_v}(x)\right\},$$

作级数 $\sum\limits_{v=1}^{\infty} \gamma_v \varphi_v(x)$，其中函数列 $\{\varphi_v(x)\}$ 在 $(0,1)$ 上是就范的. 由于

$$\sum \gamma_v^2 (\log v)^2 = \sum_v (c_{k_{v-1}+1}^2 + \cdots + c_{k_v}^2)(\log v)^2$$

$$< \sum_v (c_{k_{v-1}+1}^2 + \cdots + c_{k_v}^2)\log k_{v-1} < \sum c_v^2 \log v,$$

故从 (A) 知 $\sum \gamma_v \psi_v(x)$ 是一概收敛级数. 定理 2 证毕.

1.2　直交函数级数的里斯求和[①]

8. 设 $\varphi_0(x), \varphi_1(x), \cdots$ 是区间 (a,b) 上之一就范的直交函数系；$a_0, a_1, \cdots$ 是如下的实数列：

$$\sum_{n=0} a_n^2 < \infty \tag{1}$$

关于直交函数级数 $\sum a_n\varphi_n(x)$ 的里斯求和，齐革蒙特证有如下的定理[②]："设 $0 < \lambda_0 < \lambda_1 < \lambda_2 < \cdots, \lambda_n \to \infty$. 若级数

$$\sum a_n^2 (\log\log\lambda_n)^2 \tag{2}$$

收敛，则 $\sum a_n\varphi_n(x)$ 可用里斯求和法 $(\lambda,\delta)(\delta > 0)$ 在 (a,b) 中几乎处处求其和. 又若正值函数 $w(x)$ 适合条件

$$w(x) = o[(\log\log x)^2], \tag{3}$$

则存在着如下的 $\sum a_n\varphi_n(x)$："$\sum a_n^2 w(\lambda_n)$ 虽收敛，级数 $\sum a_n\varphi_n(x)$ 处处不能用 $(\lambda,\alpha)(\alpha > 0)$ 求和法求其和，α 是任一正数."

当 $\lambda_n \geqslant 2^n$ 时，(2) 的收敛含有 $\sum a_n^2 \log^2 n$ 的收敛，因之级数 $\sum a_n\varphi_n(x)$ 概收敛，

① K. K. Chen [3].

② A. Zvgmund [1].

此时齐革蒙特定理的前半无甚意义. 定理的后半, 一般地说, 是不成立的; 齐革蒙特所举的例子并不满足条件 $\sum a_n^2(\log\log\lambda_n)^2 < \infty$. 事实上, 置

$$\lambda_n = 2^{2^n}, \quad w(x) = (\log\log\log x)^2$$

的话, $w(x)$ 适合(3), 而条件 $\sum a_n^2(\log\log\lambda_n)^2 < \infty$ 变成

$$\sum a_n^2(\log n)^2 < \infty.$$

此时 $\sum a_n\varphi_n(x)$ 在 (a,b) 上概收敛. 因之, 对于任何正数 α, $\sum a_n\varphi_n(x)$ 可用里斯求和法 (λ,α) 求它的和, 不能求和的 x, 其全体是一测度为零的集.

9. 现在我们证明下述的

定理3 设 $0 < \lambda_0 < \lambda_1 < \cdots, \lim\lambda_n = \infty$; 对于任一正整数 $n(\geq N)$, 必有一个 λ_k 适合于 $2^{n-1} \leq \lambda_k < 2^n$. 那么, 假如正值函数 $w(x)$ 适合

$$w(x) = o[(\log\log x)^2]$$

的话, 必有如下的直交函数级数 $\sum a_n\varphi_n(x)$, 它在直交区间 (a,b) 中没有一点 x 能使里斯求和法 $(\lambda,\alpha), \alpha > 0$, 可以求和, 另一方面

$$\sum a_n^2 w(\lambda_n) < \infty.$$

证明须用下面的两个补助定理.

补助定理 1 直交函数级数 $\sum a_n\varphi_n(x)$, $a \leq x \leq b$, 可用 $(\lambda,\alpha), \alpha > 0$, 求和法求和的充要条件——除一 x 的零集——是极限

$$\lim_{n\to\infty} \sum_{\lambda_k < 2^n} a_k\varphi_k(x)$$

在 (a,b) 中几乎处处存在.

这个结果是含在齐革蒙特的上述论文中的(定理 II 和引理 IV).

补助定理 2 对于适合 $w(x) = o[(\log\log x)^2]$ 的 $w(x)$, 必有如下的就范直交函数级数 $\sum a_n\psi_n(x)$: 级数 $\sum a_n^2 w(2^n)$ 是收敛的而级数 $\sum a_n\psi_n(x)$ 是处处发散的.

这是孟孝夫的定理[1].

现在证明定理 3. 由补助定理 2, 必有 $\sum a_n\psi_n(x)$ 处处发散而级数 $\sum a_n^2 w(2^n)$ 是收敛的. 因级数 $\sum a_n^2$ 的收敛, 必有部分级数 $\sum a_{m_i}\psi_{m_i}(x)$ 处处收敛. 从 $\sum a_n\psi_n(x)$ 除

---

① Menchoff [1].

去一切 $n = m_i$ 的项，剩下来的项所成的级数 $\sum a_n \psi_{n_i}(x)(n_i < n_{i+1})$ 是处处发散的. 又由假设，对于 $i \geqslant 1$，有 λ_{k_i} 适合

$$2^{i-1} \leqslant \lambda_{k_i} < 2^i.$$

现在定义 $\sum a_n \varphi_n(x)$ 如下：当 $n = k_i$ 时，定 $a_n = \alpha_{k_i}$，$\varphi_n(x) = \psi_{k_i}(x)$. 若 n 不等于任何 k_i，则定 $a_n = 0, \varphi_n(x) = \psi_{m_n}$. 此级数 $\sum a_n \varphi_n(x)$ 适合我们的需要. 事实上，

$$\sum a_n^2 w(\lambda_n) = \sum a_{k_i}^2 w(k_i) = \sum a_{n_i}^2 w(\lambda_{k_i}) < \sum a_n^2 w(2^n) < \infty.$$

这是含有 $w(x)$ 为增加函数的假设. 但是我们可用

$$W(x) = \max_{y \leqslant x} w(y)$$

代 $w(x)$，所以不妨假设 $w(x)$ 是单调增加的. 另一方面，

$$\sum_{\lambda_k < 2^n} a_k \varphi_k(x) = \sum_{\lambda_{k_i} < 2^n} a_{k_i} \varphi_{k_i}(x) = \sum_{i=1}^{n} a_{n_i} \psi_{n_i}(x),$$

当 $n \to \infty$ 时，处处发散；本来收敛点的全体，不过是一测度为 0 的集，将此零集上 $\varphi_1(x), \varphi_2(x), \cdots$ 的值，予以适当的改变，就可以使它处处发散. 证明完毕.

10. 从上面所述齐革蒙特定理的前半，我们可以导出下面的

定理 4　对于一个里斯菲萧级数 $\sum a_n \varphi_n(x)$，用线性求和法几乎处处可以求它的和的求和法全体，具有连续点集之势 c.

满足条件 $\sum a_n^2 < \infty$ 的直交函数级数 $\sum a_n \varphi_n(x)$，称为里斯菲萧级数. 另一方面，孟孝夫[1]曾经证明"对于一个线性求和法，必有一个里斯菲萧级数处处不能应用此法求其和."

现在证明定理 4. 设 $\gamma_n = a_n^2 + a_{n+1}^2 + \cdots, -1 < 2q < 0$，则级数 $\sum a_n^2 \gamma_n^{2q}$ 是收敛的 ——此由于普林司哈伊姆之一定理. 置

$$\gamma_n = \log\log \lambda_n,$$

数列 $\{\lambda_n\}$ 可以定义里斯求和法 $(\lambda, \delta), \delta > 0$. 由于级数

$$\sum a_n (\log\log \lambda_n)^2 = \sum a_n^2 \lambda_n^{2q}$$

的收敛，直交函数级数 $\sum a_n \varphi_n(x)$ 几乎处处可用 (λ, δ) 求和法求其和. 但是 q 乃大

---

① Menchoff [2].

于 $-\dfrac{1}{2}$ 的任一负数，所以这种线性求和法的全体已经成为势是 c 的集，因此，定理成立.

1.3　就范直交系的勒贝格函数列[①]

11. 设 $\varphi_1(x), \varphi_2(x), \cdots$ 是 $(0，1)$ 上之一就范的直交函数列；$\rho_1(x), \rho_2(x), \cdots$ 是 $\{\varphi_n(x)\}$ 的勒贝格(Lebesgue)函数列. 这就是说：

$$\int_0^1 (\varphi_v(x))^2 dx = 1 \quad (v = 1, 2, \cdots),$$

$$\int_0^1 \varphi_i(x)\varphi_i(x)dx = 0 \quad (i \ne j),$$

$$\rho_n(x) = \lim_f \int_0^1 f(y)\sum_{v=1}^n \varphi_v(x)\varphi_v(y)dy,$$

但 $| f(y) | \leqslant 1, f(y) \in L(0,1)$ ，　则[②]

$$\rho_n(x) = \int_0^1 \left| \sum_{v=1}^n \varphi_v(x)\varphi_v(y) \right| dy.$$

《数学百科全书 II》的 "一般级数展开" 中，载有如下的陈述[③]："拉德马赫证明关系

$$\int_a^b |\varphi_n(\xi, x)| d\xi = O(\sqrt{n}(\log n)^{\frac{2}{3}+\varepsilon}) \quad (\varepsilon > 0)$$

在 $\langle a, b \rangle$ 中几乎处处成立，且有例证此估计再不能实质上减低"，此地

$$\varphi_n(\xi, x) = \sum_{v=1}^n \varphi_v(\xi)\varphi_v(x),$$

$\langle a, b \rangle$ 是直交的区间.

但是，作者检查拉德马赫的论文[1]，仅能发现如下的结果：

1°. $\rho_n(x) = O(\sqrt{n}(\log n)^{3/2+\varepsilon})(\varepsilon > 0)$ 在 $(0，1)$ 中几乎处处成立.

---

① K. K. Chen [4].

② Rademacher [1].

③ Hilb-Szàsz [1].

2°. 假如 $\rho_n(x)$ 与 x 没有关系的话，则 $\rho_n = O(\sqrt{n})$.

3°. 存在着如 2°的 $\rho_n(x) \equiv \rho_n$ 且 $\rho_n \sim \sqrt{\dfrac{2n}{\pi}}$. 因此，2°是最良的估计.

由是可知，上述百科全书中的陈述是成问题的. 我们将证明

$$\rho_n(x) = o\left(\sqrt{n}(\log n)^{\frac{1}{2}+\varepsilon}\right) \quad (\varepsilon > 0)$$

在 $(0，1)$ 中几乎处处成立. 此结果实质上改进了 1°.

另一方面，1°可以看作函数 $\varphi_n(x, y) = \varphi_1(x)\varphi_1(y) + \cdots + \varphi_n(x)\varphi_n(y)$ 关于 y 的平均值的估计. 关于函数 $\varphi_n(x, y)$ 本身，波所拉司哥(Bossolasco)有如下的结果[1]：关系

$$F_n(x, y) \equiv \frac{1}{n}\left[\varphi_1(x)\varphi_1(y) + \cdots + \varphi_n(x)\varphi_n(y)\right] = o(1)$$

在正方形 $Q \equiv (0 < x < 1, 0 < y < 1)$ 中几乎处处成立. 下文我们将证明

$$\varphi_n(x, y) = \varphi_1(x)\varphi_1(y) + \cdots + \varphi_n(x)\varphi_n(y) = o((\log n)^{3/2+\varepsilon}\sqrt{n}) \quad (\varepsilon > 0)$$

在 Q 中几乎处处成立.

波所拉司哥的论文中另外还有许多结果与本节的讨论有关我们也加以批判.

12. 勒贝格的函数列 要估勒贝格的函数，首先证明

补助定理 设 $\varphi_1(x), \varphi_2(x), \cdots$ 是 $(0，1)$ 上之就范的直交函数列，则

1°. 当级数 $\sum c_v^2$ 收敛时，$\sum (c_v \varphi_v(x))^2$ 在 $(0，1)$ 中概收敛；

2°. 关系 $\varphi_1^2(x) + \varphi_2^2(x) + \cdots + \varphi_n^2(x) = o((\log n)^{1+\varepsilon} n), \varepsilon > 0$，在 $(0，1)$ 中几乎处处成立.

置

$$u_n(x) = c_n^2 \int_0^x \varphi_n^2(x)dx, \quad 0 < x < 1,$$

则

$$u_n(x) \leqslant u_n(1) = c_n^2.$$

所以 $\sum u_n(x)$ 是一收敛级数. 由于 $u_n(x)$ 都是单调增加函数，故由傅比尼的定理，

---

[1] M. Bossolasco [1].

$\sum u'_n(x) = \sum c_n^2 \varphi_n^2(x)$ 几乎处处收敛.

其次证明 2°. 置

$$c_n^2 = \frac{1}{n(\log n)^{1+\varepsilon}} \quad (\varepsilon > 0),$$

故由 1°，存在着如下的点集 $E : |E| = 1$，级数 $\sum (c_v \varphi_v(x))^2$ 在 E 上收敛. 置 $M_n = n(\log n)^{1+\varepsilon}, a_n = (c_n \varphi_n(x))^2 (x \in E)$，则由克罗内克之一定理，

$$\lim_{n \to \infty} \frac{M_1 a_1 + M_2 a_2 + \cdots + M_n a_n}{M_n} = 0,$$

即

$$\varphi_1^2(x) + \varphi_2^2(x) + \cdots + \varphi_n^2(x) = o((\log n)^{1+\varepsilon} n), \quad x \in E.$$

13. **定理 5** 在直交函数系的直交区间中，其勒贝格函数 $\varphi_n(x)$ 几乎处处满足下面关系

$$\rho_n(x) = o((\log n)^{\frac{1}{2}+\varepsilon} \sqrt{n}), \quad \varepsilon > 0.$$

事实上，当证明时，不妨假设直交区间为 $(0, 1)$. 因此，

$$[\rho_n(x)]^2 = \left[\int_0^1 \left| \sum_{v=1}^n \varphi_v(x) \varphi_v(y) \right| dy \right]^2$$

$$\leqslant \int_0^1 \left[\sum_{v=1}^n \varphi_v(x) \varphi_v(y) \right]^2 dy = \varphi_1^2(x) + \varphi_2^2(x) + \cdots + \varphi_n^2(x).$$

故由补助定理的 2°，

$$\rho_n(x) = o((\log n)^{\frac{1}{2}+\varepsilon} \sqrt{n}), \quad \varepsilon > 0$$

在 $(0, 1)$ 中几乎处处成立. 定理证毕.

于此证明中，以 $|\varphi_v(x)|$ 代 $\varphi_v(x)$ 的话，证明不受影响，由是得

系 1 $\tilde{\rho}_n(x) \equiv \int_0^1 \sum_{v=1}^n |\varphi_v(x) \varphi_v(y)| dy = o((\log n)^{\frac{1}{2}+\varepsilon} \sqrt{n}), \varepsilon > 0$，在直交区间中几乎处处成立.

14. 假如 $\rho_n(x)$ 与 x 没有关系，例如在三角函数系，勒贝格函数是勒贝格常数

$\rho_n(n = 0,1,2,\cdots)$ ，则

$$|\rho_n(x)| = |\rho_n| \leqslant \min_{0 \leqslant x \leqslant 1} \left[\varphi_1^2(x) + \cdots + \varphi_n^2(x)\right]^{\frac{1}{2}}.$$

因此得到如下的结果：

系 2 假如 $\rho_n(x)$ 化为常数 ρ_n ，则 $|\rho_n| \leqslant \sqrt{n}$.

事实上，从

$$n = \int_0^1 (\varphi_1^2(x) + \cdots + \varphi_n^2(x)) dx$$

知适合于 $\varphi_1^2(x) + \cdots + \varphi_n^2(x) \leqslant n$ 的 x 的全体所成的点集，其测度>0.

15. 函数列 $\varphi_n(x,y)$.

定理 6 正方形 $Q:(0 \leqslant x \leqslant 1, 0 \leqslant y \leqslant 1)$ 中除一零集而外，关系

$$\varphi_n(x,y) \equiv \varphi_1(x)\varphi_1(y) + \cdots + \varphi_n(x)\varphi_n(y) = o((\log n)^{3/2+\varepsilon}\sqrt{n}), \quad \varepsilon > 0$$

成立.

要证明此定理，置

$$c_n(x) = \frac{\varphi_n(x)}{\sqrt{n}(\log n)^{3/2+\varepsilon}}, \quad \varepsilon > 0.$$

又作级数

$$\sum_{v=1}^{\infty} c_v^2(x)(\log v)^2 = \sum_{n=1}^{\infty} \frac{\varphi_n^2(x)}{n(\log n)^{1+2\varepsilon}}.$$

此级数在某一点集 $E(x)$ 上是收敛的，$|E(x)| = 1$ ；这是由 12 中的补助定理知道的.
设 $x \in E(x)$ ，则由孟孝夫和拉德马赫的定理，级数 $\sum c_n(x)\varphi_n(y)$ 在一线性点集 $E_x(y)$
上收敛，$|E_x(y)| = 1; 0 \leqslant y \leqslant 1$. 设 $x \in E(x), y \in E_x(y)$ ，置

$$M_n = \sqrt{n}(\log n)^{3/2+\varepsilon}, \quad a_n = c_n(x)\varphi_n(y).$$

那么，从 $M_1 a_1 + \cdots + M_n a_n = o(M_n)$ ，得 $\varphi_n(x,y) = o(M_n)$. 这是所要的结果.

剩下来的证明是要知道平面点集

$$E(x,y) = \sum_{x \in E(x)} E_x(y)$$

的平面测度等于 1，设 $f(x,y)$ 是 $E(x,y)$ 上之特征函数：

$$f(x,y) = 1 \qquad ((x,y) \in E(x,y))$$
$$= 0 \qquad ((x,y) \bar{\in} E(x,y)),$$

则

$$|E(x,y)| = \iint\limits_{E(x,y)} f(x,y)dxdy = \int\limits_{E(x)} dx \int\limits_{E_x(y)} f(x,y)dy$$
$$= \int\limits_{E(x)} 1dx = 1.$$

定理证毕.

系 3 设 $\tilde{\varphi}_n(x,y) = |\varphi_1(x)\varphi_1(y)| + \cdots + |\varphi_n(x)\varphi_n(y)|$, 则

$$\tilde{\varphi}(x,y) = o((\log n)^{3/2+\varepsilon}\sqrt{n}) \quad (\varepsilon > 0)$$

在正方形 $Q : (0 \leqslant x \leqslant 1, 0 \leqslant y \leqslant 1)$ 中几乎处处成立.

16. 研讨波所拉司哥的某些结果 于 11 所引的波所拉司哥的定理后, 他附着了下面几句话:"置

$$F_n(x,y) = \frac{1}{n}\{\varphi_1(x)\varphi_1(y) + \cdots + \varphi_n(x)\varphi_n(y)\}, \quad F_n(x) = F_n(x,x),$$

则在直交区间中, 极限 $\lim\limits_{n\to\infty} F_n(x)$ 几乎处处存在." 假如这个附言成真理, 则有有限函数 $\Phi(x)$ 使

$$\frac{1}{n}\left[\varphi_1^2(x) + \cdots + \varphi_n^2(x)\right] \to \Phi(x) \quad (n \to \infty)$$

几乎处处成立. 因此, $\varphi_1^2(x) + \cdots + \varphi_n^2(x) = O(n)$ 几乎处处成立. 于是定理 5 可以改进为 $\rho_n(x) = O(\sqrt{n})$, $\rho_n(x)$ 的估计乃得最良之结果. 但是 $\Phi(x)$ 的存在, 从波所拉司哥的证明, 是暧昧的. 他的证明的要领如下:

1°. 简写 $F_n \equiv F_n(x,y)$. 从级数 $\sum n \int_a^b \int_a^b |F_{n+1}^2 - F_n^2| dxdy$ 的收敛, 得

级数 $\sum n \int_a^x \int_a^b |F_{n+1}^2 - F_n^2| dxdy$ 的收敛. 因此得级数

$$\sum n \int_a^b |F_{n+1}^2(x,y) - F_n^2(x,y)| dxdy$$

的收敛, 但 $x \in I_x, |I_x| = 0$.

2°. 他利用 1°, 经过如 1°的步骤, 断定级数

$$\sum n \mid F_{n+1}^2(x,y) - F_n^2(x,y) \mid$$

的收敛，但 $x \in I_x, y \in I_y, \mid I_x \mid = 0, \mid I_y \mid = 0$. 于是断定极限

$$\lim_{n\to\infty} \mid F_n(x,y) \mid = F(x,y)$$

在 Q 中几乎处处存在，且说此极限不存在的点 (x,y)，或 $x \in I_x$ 或 $y \in I_y$.

但是波所拉司哥这样的推理，是不正确的. 事实上，I_y 依赖着 I_x 中的 x，因此，不能得到所要的——测度等于 1 的——平面点集.

1.4　完备条件与帕塞瓦尔公式[①]

17. 设 $(f(x))$ 是区间 (a,b) 上所定义之一函数族. 假如 $L^2(a,b)$ 中没有函数 $F(x)$ 对于 $(f(x))$ 中任一函数 $f(x)$ 使方程

$$\int_a^b F(x)f(x)dx = 0$$

成立，除非 $\int_a^b F^2(x)dx = 0$，那么说 $(f(x))$ 是完备的. 就范的直交函数系具有完备性的充要条件是 $L^2(a,b)$ 中任何函数关于此直交函数系的帕塞瓦尔公式成立. 为便利计，下文采用如下的术语：假如直交函数系对于 $f(x)$ 的帕塞瓦尔公式成立，则说，此函数系对于 $f(x)$ 是完备的. 斯捷克洛夫(Стекдов)证明：假如某一直交函数系对于一切多项式是完备的，则该函数系是完备的[②].

但是我们应用下面的完备性原理，可以得到种种完备性条件.

定理 7　设 $\varphi_0(x), \varphi_1(x), \cdots$ 是区间 (a,b) 上之一就范的直交函数系. 此系 (φ) 具有完备性的充要条件是对于 (a,b) 中之(任)一完备函数族中之任一函数是完备的.

条件的必要性是显然的. 现在证明条件的充足性. 设 $f_0(x), f_1(x), \cdots$ 在 (a,b) 中成一完备函数列；且等式

$$\int_a^b f_v^2(x)dx = \sum_{n=0}^{\infty} \left(\int_a^b f_v(x)\varphi_n(x)dx \right)^2, \quad v = 0,1,2,\cdots \tag{1}$$

都成立. 假如 (φ) 不是完备的话，那么存在着如下的 $F(x)$：

①　K. K. Chen [5].

②　W. Stekloff [1].

$$\int_a^b F^2(x)dx = 1, \quad \int_a^b F(x)\varphi_n(x)dx = 0 \quad (n = 0,1,2,\cdots).$$

函数 $f_v(x)$ 与直交系 $F(x), \varphi_0(x), \varphi_1(x), \cdots$ 之间, 成立着贝塞尔(Bessel)不等式, 因(1)成立, 故从此不等式得

$$\int_a^b F(x)f_v(x)dx = 0 \quad (v = 0,1,2,\cdots). \tag{2}$$

由于 $(f_v(x))$ 是一完备函数列, 故从(2)得

$$\int_a^b F^2(x)dx = 0.$$

这是与 $\int F^2(x)dx = 1$ 不相容的. 定理证毕.

从定理 7, 可以导出种种的完备条件. 现在先证

补助定理   假如就范的直交函数系 $\varphi_0(x), \varphi_1(x), \cdots$ 对于 $f(x)$ 和 $g(x)$ 都是完备的话, 那么它对于 $f(x) + g(x)$ 也是完备的. 事实上, 置

$$c_n = \int_a^b f(x)\varphi_n(x)dx, \qquad k_n = \int_a^b g(x)\varphi_n(x)dx,$$

则

$$\left(\int_a^b f(x)g(x)dx - \sum_{m=0}^n c_m k_m\right)^2 = \left[\int_a^b f(x)\left[g(x) - \sum_{m=0}^n k_m \varphi_m(x)\right]dx\right]^2$$

$$\leqslant \int_a^b f^2(x)dx \int_a^b \left[g(x) - \sum_{m=0}^n k_m \varphi_m(x)\right]^2 dx$$

$$= \int_a^b f^2(x)dx \left(\int_a^b g^2(x) - \sum_{m=0}^n k_n^2\right) \to 0, \quad n \to \infty.$$

所以

$$\int_a^b f(x)g(x)dx = \sum_{m=0}^\infty c_m k_m. \tag{3}$$

此级数是绝对收敛的. 因此

$$\int_a^b (f(x) + g(x))^2 dx = \sum c_n^2 + \sum k_n^2 + 2\sum c_n k_n = \sum (c_n + k_n)^2.$$

证明完毕.

经过一次变换, 区间 $(0, 2\pi)$ 可以变换为 (a, b). 由于三角函数系

$$1, \cos x, \sin x, \cdots, \cos nx, \sin nx, \cdots$$

在 $(0, 2\pi)$ 中具有完备性, 故由定理 7, 得到下面的结果:

系 1　假如直交函数系 (φ) 对于 $\sin \alpha x$ 和 $\cos \beta x$ —— α, β 是任意的实数——是完备的, 则 (φ) 一定是完备的.

事实上, 经过一次变换, $\sin nx$ 和 $\cos nx$ 都取得 $\sin(Ax + B)$ 或 $\cos(Ax + B)$ 的形式. 由补助定理, 知系 1 是真理.

哈尔(Haar)的直交函数系是具有完备性的, 其中第一函数都是阶梯函数[1]由定理 7 得到下面的结果:

系 2　假如直交函数系 (φ) 对于一切阶梯函数是完备的, 它是完备的[2].

这是大马金的定理. 由此定理, 可以导出下面的结果.

系 3　设 $\varphi_0(x), \varphi_1(x), \cdots$ 在 (a, b) 上是一就范的直交函数系. 假如等式

$$\sum_{n=0}^{\infty} \left[\int_{\alpha}^{\beta} \varphi_n(x) dx \right]^2 = \beta - \alpha$$

对于 (a, b) 中任何区间成立, 那么 $\{\varphi_n(x)\}$ 是完备的.

事实上, 取

$$f_{\alpha\beta}(x) = a, \qquad \alpha \leqslant x \leqslant \beta;$$
$$f_{\alpha\beta}(x) = 0, \qquad x < \alpha \text{或} x > \beta.$$

则任何阶梯函数是有阶个 $f_{\alpha\beta}(x)$ 之和. 由补助定理和系 2, 知系 3 是真理.

勒让德(Legendre)的多项式在 $[-1, 1]$ 中成完备直交系的. 变换 $[-1, 1]$ 为 $[a, b]$, 得 (a, b) 中的完备直交多项式列. 由是即得斯捷克洛夫(Стеклов)的定理: 假如 $\{\varphi_n(x)\}$ 对于一切多项式是完备的话, $\{\varphi_n(x)\}$ 具有完备性. 从这个定理和补助定理得到下面的结果:

系 4　假如就范的直交函数系 $\varphi_0(x), \varphi_1(x), \cdots$ 对于 $x^n (n = 0, 1, 2, \cdots)$ 都是完备的, 则 $\{\varphi_n(x)\}$ 具有完备性.

人们可以这样设问: 就范的直交函数系对于某某特别的有限个函数是完备的话, 能否断言此系是完备的? 假如这些有限个函数都属于 L^2 的话, 回答是否定的.

---

① Haar [1], [2].

② Tamarkin [1].

设 $f_0(x), f_1(x), \cdots, f_q(x)$ 都属于 $L^2(a,b)$, 那么我们可以作出不完备的直交函数系 $\varphi_0(x), \varphi_1(x)\cdots$, 使帕塞瓦尔等式

$$\int_a^b f_v^2(x)dx = \sum_{n=0}^{\infty}\left(\int_a^b f_v(x)\varphi_n(x)dx\right)^2, \quad v = 0,1,2,\cdots,q \tag{4}$$

都成立. 当然我们可以假设 $f_0(x),\cdots,f_q(x)$ 是线性独立的, 并且可以假设

$$\int_a^b f_v^2(x)dx > 0, \quad v = 0,1,\cdots,q.$$

设

$$\begin{cases} \varphi_0(x) = \lambda_{00}f_0(x), \\ \varphi_1(x) = \lambda_{10}f_0(x) + \lambda_{11}f_1(x), \\ \quad\quad\quad\cdots\cdots \\ \varphi_q(x) = \lambda_{q0}f_0(x) + \lambda_{q1}f_1(x) + \cdots + \lambda_{qq}f_q(x), \end{cases} \tag{5}$$

$$\int_a^b \varphi_n^2(x)dx = 1, \quad \int_a^b \varphi_n(x)\varphi_m(x)dx = 0 \quad (m,n = 0,1,\cdots,q). \tag{6}$$

取 $\sqrt{x^2} = |x|$, 则由(5), $\lambda_{00}, \lambda_{10}, \cdots, \lambda_{qq}$ 完全决定.

有限个的互相直交的函数 $\varphi_0(x), \varphi_1(x), \cdots, \varphi_q(x)$ 绝不具有完备性的. 若不然, $L^2(a,b)$ 中任何函数都可以写成

$$c_0\varphi_0(x) + c_1\varphi_1(x) + \cdots + c_q\varphi_q(x)$$

了——除一零集, 这是不可能的. 但是(4)对于

$$f_0(x) = \frac{1}{\lambda_{00}}\varphi_0(x)$$

成立. 由补助定理, (4)对于

$$f_1(x) = \frac{1}{\lambda_{11}}(\varphi_1(x) - \lambda_{10}\varphi_0(x))$$

也成立, 等等. 由是, 对于有限个函数——L^2 中的——完备的直交函数系, 不能断言此系是完备的.

现在考察 $q \to \infty$ 的状况. 此可分为两方面着想: 第一, $f_0(x), f_1(x),\cdots$ 是一完备的函数列; 第二, $f_0(x), f_1(x),\cdots$ 是一不完备的函数列. 首先, 假设

$f_n(x)(n = 0, 1, \cdots)$ 是一不完备的函数列. 我们不妨假设 $f_0(x), f_1(x), \cdots$ 是线性独立的，且设 $f_v(x) \in L^2(a, b)$. 那么存在着如下的 $F(x)$:

$$0 < \int_a^b F^2(x)dx < \infty, \quad \int_a^b F(x)f_v(x)dx = 0 \quad (v = 0, 1, 2\cdots) . \tag{7}$$

利用方程 (5)，我们可以逐步的求出 $\varphi_0(x), \varphi_1(x), \cdots$. 因此，

$$\int_a^b \varphi_v^2(x)dx = 1, \quad \int_a^b \varphi_v(x)\varphi_\mu(x)dx = 0 \quad (v \neq \mu), \tag{8}$$

$$\varphi_n(x) = \lambda_{n0}f_0(x) + \lambda_{n1}f_1(x) + \cdots + \lambda_{nn}f_n(x),$$

$$\lambda_{nn} \neq 0, \quad n = 0, 1, 2, \cdots. \tag{9}$$

一切函数 $f_v(x)(v = 0, 1, 2, \cdots)$ 都是 $\varphi_0(x), \varphi_1(x), \cdots$ 的线性结合，故得

$$\int_a^b f_v^2(x)dx = \sum_{n=0}^\infty \left(\int_a^b f_v(x)\varphi_n(x)dx \right)^2 , \quad v = 0, 1, 2, \cdots.$$

这就是说，直交函数 $\{\varphi_n(x)\}$ 对于不完备的函数列 $\{f_v(x)\}$ 中任一函数是完备的. 由 (7),

$$\int_a^b F(x)\varphi_n(x)dx = 0 \quad (n = 0, 1, 2, \cdots).$$

因此

$$\sum_{n=0}^\infty \left(\int_a^b F(x)\varphi_n(x)dx \right)^2 = 0, \quad \int_a^b F^2(x)dx > 0.$$

所以 $\{\varphi_n(x)\}$ 是不完备的. 我们证明了下面的定理:

定理 8　直交函数系对于不完备的函数列中的任一函数具有完备性时，直交函数系未必是完备的.

设 $(f(x))$ 是 $L^2(a, b)$ 中之一函数族，它具有如下的性质：区间 (a, b) 上任一就范直交函数系对于 $(f(x))$ 都是完备时，此系必然的是完备. 称这样的函数族 $(f(x))$ 是判别完备性的函数族. 由是可述如下的定理.

定理 9　判别完备性的函数族是一具有完备性的函数族. 其逆亦真.

称此定理为直交函数系的完备性定理. 利用此定理，那么从定理 7 的系 1、系 3、系 4，得着下面的结果:

定理 10　$L^2(a, b)$ 中的函数 $F(x)$ 几乎处处等于 0 的充要条件是下列三条件

之一：

(i)
$$\int_a^b F(x)\cos\alpha x dx = 0, \quad \int_a^b F(x)\sin\alpha x dx = 0$$

对于一切实数 α 成立.

(ii)
$$\int_\alpha^\beta F(x)dx = 0$$

对于 (a,b) 中任何区间 (α,β) 都成立.

(iii)
$$\int_a^b F(x)x^n dx = 0, \quad n = 0,1,2,\cdots.$$

条件(iii)是楼西(Lerch)的.

1.5 帕塞瓦尔公式的拓广[①]

18. 设 $\varphi_1(x),\varphi_2(x),\cdots$ 是区间 $(0,1)$ 上之一就范的直交函数系，孟孝夫[1]证明：假如 $n(x)$ 不超过 n，那么[②]

$$\left[\int_0^1 \left|\sum_{m=1}^{n(x)} c_m\varphi_m(x)\right|^2 dx\right]^{\frac{1}{2}} \leqslant C\log n\left(\sum_{m=1}^n c_m^2\right)^{\frac{1}{2}}. \tag{1}$$

本节之目的，是要把不等式(1)拓广成里斯-豪斯多夫[③]的形式. 假设

$$|\varphi_m(x)| \leqslant M \quad (0\leqslant x\leqslant 1, m=1,2,\cdots), \tag{2}$$

$1 < a < b, b = a(b-1), n(x) \leqslant n$. 我们将证明不等式

---

① K. K. Chen [6].

② 沙勒姆(R. Salem)[1]有更简单的证明. 但他的证明，微有谬误，因为函数
$$g_k(t) = \sqrt{t}\sin 2k\pi t, \quad (k=1,2,\cdots)$$
并不满足条件
$$\int_0^1 (g_1+g_2+\cdots+g_k)^2 dt < B\log k \quad (k>1),$$
B 是一绝对常数.

③ F. Riesz [1]. F. Hausdorff [1].

$$\left[\int_0^1 \left|\sum_{m=1}^{n(x)} c_m \varphi_m(x)\right|^b dx\right]^{1/b} \leqslant c(\log n)^{\frac{2a-2}{a}} M^{\frac{2-a}{a}} \left(\sum_{m=1}^n |c_m|^a\right)^{1/a}.$$

这是从不等式

$$\left[\sum_{m=1}^n \left|\int_{D_m} f(x)\varphi_m(x)dx\right|^b\right]^{1/b} \leqslant C(\log n)^{\frac{2a-2}{a}} M^{\frac{2-a}{a}} \left(\int_D |f(x)|^a dx\right)^{1/a} \tag{3}$$

导出的，此地 $f(x) \in L^a(0,1), (0,1) = D \supseteq D_1 \supseteq D_2 \supseteq \cdots \supseteq D_n$. 至于(3)的证明，则依赖着 M. 里斯的"凸性定理"[1].

凸性定理　设 $\varphi(t)(k \leqslant t \leqslant \lambda)$ 和 $\psi(t)(\mu \leqslant t \leqslant v)$ 是两个增加函数. 又设

$$a = \frac{1}{\alpha} \geqslant 1, \quad b = \frac{1}{\beta} \geqslant 1, \quad \alpha + \beta \geqslant 1. \tag{4}$$

设 $T(f)$ 是在 $f \in L^a(\varphi; k, \lambda)$ 上所定义的线性运算，详细地说：当

$$m_a(f) = \left[\int_k^\lambda |f(t)|^a d\psi(t)\right]^{1/a} < \infty$$

时，$T(f) = g(t), \mu \leqslant t \leqslant v$. 今置

$$M_b(g) = \left[\int_\mu^v |g(t)|^b d\psi(t)\right]^{1/b}.$$

假如有常数 $C(\alpha, \beta)$ 使不等式

$$M_b(g) \leqslant C(\alpha, \beta) m_a(f) \tag{5}$$

当 $\alpha = \alpha_j, \beta = \beta_j (\alpha_j + \beta_j \geqslant 1, j = 1, 2)$ 时成立，那么在两点 (α_1, β_1) 和 (α_2, β_2) 的连线 (线段)上的任何点 (α, β)，(5)也成立，$C(\alpha, \beta)$ 是与 $L^a(\varphi_j, \kappa, \lambda)$ 中的 f 是无关系的. 设 $C(\alpha, \beta)$ 的最小值是 $M_{\alpha\beta}$——使(5)成立之 $C(\alpha, \beta)$ 的最小值，那么当

$$\alpha = t\alpha_1 + (1-t)\alpha_2, \quad \beta = t\beta_1 + (1-t)\beta_2, \quad 0 < t < 1 \tag{6}$$

时，不等式

---

① M. Riesz [1].

$$M_{\alpha\beta} \leqslant M^t_{\alpha_1\beta_1} \cdot M^{1-t}_{\alpha_2\beta_2} \tag{7}$$

成立.

特别, 当 $\alpha_1 = \beta_1 = \dfrac{1}{2}, \alpha_2 = 1, \beta_2 = 0$ 时, 得

$$M_{\alpha\beta} \leqslant M^{2\beta}_{\frac{1}{2}\frac{1}{2}} \cdot M^{1-2\beta}_{10} \quad (\beta < \alpha, \alpha + \beta = 1). \tag{8}$$

定理 11   设 $\varphi_1(x), \varphi_2(x), \cdots, \varphi_n(x), \cdots$ 是 $(0，1)$ 中就范的直交函数列, $|\varphi_m(x)| \leqslant M(0 \leqslant x \leqslant 1, m = 1, 2, \cdots)$. 假如

$$a < b = a(b-1), \quad (0,1) = D \supseteq D_1 \supseteq \cdots \supseteq D_n, \quad f \in L^a(D),$$

则

$$\left\{ \sum_{m=1}^{n} \left| \int_{D_m} f(x)\varphi_m(x)dx \right|^b \right\}^{1/b} \leqslant C(\log n)^{\frac{2a-2}{a}} M^{\frac{2-a}{a}} \left(\int_D |f(x)|^a \, dx \right)^{1/a}. \tag{9}$$

欲事证明, 置 $\varphi(t) = t, \psi(t) = [t](t > 0), \psi(t) = 0(t \leqslant 0)$. 又设 T 是如下的线性运算: 当 $|t - m| < \dfrac{1}{3}(m = 1, 2, \cdots, n)$ 时,

$$T(f) = g(t) = \int_{D_m} f(x)\varphi_m(x)dx,$$

当 t 不满足 $|t - m| < \dfrac{1}{3}(m = 1, 2, \cdots, n)$ 时, $T(f) = g(t) = 0$. 由孟孝夫的不等式, 可得下面的结果:

$$\left(\sum_{m=1}^{n} \left| \int_{D_m} f(x)\varphi_m(x)dx \right|^2 \right)^{\frac{1}{2}} \leqslant C \log n \left(\int_0^1 f^2(x)dx \right)^{\frac{1}{2}}. \tag{10}$$

事实上, 设 $f_m(x)$ 是 D_m 上的特征函数, 则

$$\sum_{m=1}^{n} \gamma_m \int_{D_m} f(x)\varphi_m(x)dx = \int_D f(x) \sum_{m=1}^{n} \gamma_m f_m(x)\varphi_m(x)dx.$$

其绝对值小于或等于

$$\left(\int_D f^2(x)dx\right)^{\frac{1}{2}} \cdot \left(\int_D \left(\sum_{m=1}^n \gamma_m f_m(x)\varphi_m(x)\right)^2 dx\right)^{\frac{1}{2}}.$$

置

$$\gamma_m = \left|\int_{D_m} f(x)\varphi_m(x)dx\right|^2 \bigg/ \int_{D_m} f(x)\varphi_m(x)dx$$

而利用(1)，就得到(10).

置

$$M_{\alpha\beta} = \max_f \frac{\left[\int_0^n |T[f]|^b \, d\varphi(t)\right]^{1/b}}{\left(\int_0^1 |f(t)|^\alpha dt\right)^{1/a}},$$

则由(10)得 $M_{\frac{1}{2}\frac{1}{2}} < C\log n$，又由(2)得 $M_{10} \leqslant M$. 故(8)变成(9)，而定理 11 证毕.

定理 12　在定理 11 的假设下，

$$\left\{\int_0^1 \left|\sum_{m=1}^{n(x)} c_m\varphi_m(x)\right|^b dx\right\}^{1/b} \leqslant C(\log n)^{\frac{2a-2}{a}} \cdot M^{\frac{2-a}{a}} \left(\sum_1^n |c_m|^a\right)^{1/a}. \tag{11}$$

事实上，取适当之函数 $f_1(x), f_2(x), \cdots, f_n(x)$：

$$f_1(x) \geqslant f_2(x) \geqslant \cdots \geqslant f_n(x), \quad f_m(x)(f_m(x)-1) = 0 \quad (m = 1, 2, \cdots, n)$$

可以把 $\sum_1^{n(x)} c_m\varphi_m(x), n(x) \leqslant n$，写成如下的形式：

$$\sum_1^{n(x)} c_m\varphi_m(x) = \sum_1^n c_m f_m(x)\varphi_m(x).$$

我们可以把 $f_m(x)$ 看作 $D_m \subseteq D$ 的特征函数，则

$$D \supseteq D_1 \supseteq D_2 \supseteq \cdots \supseteq D_n.$$

若 $f(x) \in L^a(D)$，则

$$\int_0^1 f(x) \sum_{m=1}^{n(x)} c_m \varphi_m(x) dx = \sum_1 c_m \int_0^1 f(x) f_m(x) \varphi_m(x) dx.$$

其绝对值小于或等于

$$\left(\sum_{m=1}^n |c_m|^a \right)^{1/a} \cdot \left(\sum_1^n \left| \int_{D_m} f(x) \varphi_m(x) dx \right|^b \right)^{1/b}.$$

其第二因子，由定理 11，小于或等于

$$C(\log n)^{\frac{2a-2}{a}} \left(\int_0^1 |f(x)|^a \, dx \right)^{1/a}.$$

所以

$$\left| \int_0^1 f(x) \sum_{m=1}^{n(x)} c_m \varphi_m(x) dx \right| \leqslant C(\log n)^{\frac{2a-2}{a}} \left(\sum_1^n |c_m|^a \int_0^1 |f(x)|^a dx \right)^{1/a}. \tag{12}$$

置

$$f(x) = \frac{\left| \sum_1^{n(x)} c_m \varphi_m(x) \right|^b}{\sum_1^{n(x)} c_m \varphi_m(x)},$$

则从 (12) 得到 (11). 定理证毕.

取适当之 φ 与 ψ 而利用 (1)，定理 12 也可以从 (8) 导出. 由此可以导出定理 11.

第 2 章 三 角 级 数

2.1 函数 $f(x)$ 的傅里叶级数的切萨罗求和与 $f(x)$ 的平均函数[①]

19. 设 $f(x+2\pi) = f(x), f(x) \in L(0,2\pi)$. 在一定点 x, 作成如下的平均函数:

$$\varphi_0(x) = \varphi(x) = \frac{1}{2}\{f(x+t) + f(x-t)\};$$

$$\varphi_v(t) = \frac{1}{t}\int_0^t \varphi_{v-1}(t)dt, \quad -\pi \leqslant t \leqslant \pi, \quad v \geqslant 1;$$

$$\varphi_v(2\pi + t) = \varphi_v(t).$$

哈代与李特尔伍德证明了如下的定理[②]: $f(x)$ 的傅里叶级数在点 x 可用切萨罗的求和法(或平均法)求和的充要条件是有一平均函数 $\varphi_k(t)$ 当 $t \to 0$ 时有极限:

$$\lim_{t \to 0} \varphi_k(t) = s.$$

此地以切萨罗平均法可求和的意义是用某阶——不指定哪一阶——的平均法可以求级数之和.

这个定理提示着如下的两个定理:

定理 1 假如 $f(x)$ 的傅里叶级数在点 x, 可用 $(C,p), p \geqslant 0$, 求和法——p 阶的切萨罗求和法——求和, 和为 s, 那么平均函数

$$\varphi_k(t) \quad (k = 1, 2, \cdots, [p]+1)$$

的傅里叶级数在 $t = 0$ 可用 $(C, p-k)$ 平均法求和, 和亦为 s, 并且

$$\lim_{t \to 0} \varphi_{[p]+2}(t) = s$$

成立, $[p]$ 是 p 的整数部分.

定理 2 设 $k > 0, q \geqslant -1$. 若 $\varphi_k(t)$ 的傅里叶级数在 $t = 0$ 可用 (C,q) 平均法求

---

① 参阅 K. K. Chen [7].

② Hardy-Littlewood [1] 中的定理 C. 他们的证明并不需要 $f(x) \in L(0,2\pi)$, 在下述两条件下就有效:

(1°) $\lim_{\epsilon \to 0}\int_\epsilon^t \varphi(t)dt$ 存在, 即 $\varphi(x) \in CL(0,\pi)$. (2°) $\varphi(t)$ 的傅里叶系数是 $o(1)$. 此后称条件(1°)为 $\varphi(x)$ 是 CL 可积. 简称此论文为 HL [1].

和，和为 s，则 $\varphi_{k-m}(t)(m=1,2,\cdots,k)$ 的傅里叶级数在 $t=0$ 可用 $(C,q+m)$ 平均法求和，和为 s. 因此 $f(x)$ 的傅里叶级数在点 x 可用 $(C,q+m)$ 平均法求和，和为 s. 特别，当

$$\lim_{t\to 0}\varphi_k(t)=s$$

时，$f(x)$ 的傅里叶级数在 x，可用 $(C,k+\delta)$ 求和法求它的和，和是 s，而 δ 可为任意小的正数.

当 $p=[p]$ 时，定理 1 可从 HL[1] 中一系列的结果导出. 定理 2 的前半也是如此 (当 q 是整数时). 这个导出的过程，我不详述于此. 但是我将在下面三个条件下来证明定理 1 和定理 2：$(1°)$ $\varphi(t)\in CL(0,\pi)$；$(2°)$ $\varphi(t)$ 的傅里叶系数是 $O(1)$；$(3°)$ $t\varphi(t)\in L(0,\pi)$.

20. **记号及补助定理. 定理 1 和定理 2 的证明**　我们将用下面的记号：设

$$u_0,u_1,\cdots,u_n,\cdots=\{u_n\}=(u)$$

是一数列，记 $H_n^{(0)}(u)=H_n^{(0)}\{u_n\}=u_n$，

$$H_n^{(r)}(u)=\frac{1}{n+1}\sum_{m=0}^{n}H_m^{(r-1)}(u),\quad r=1,2,\cdots.$$

设 $r>-1$，置

$$(s)_m=\binom{m+s}{m}=\frac{(s+1)(s+2)\cdots(s+m)}{m!},$$

$$(r)_n\sigma_n^r(n)=\sum_{m=0}^{n}(r-1)_m u_{n-m}.$$

若 $\sum a_n\cos nt$ 是 $g(t)$ 的傅里叶级数，则书 $g(t)\sim\sum a_n\cos nt$，以记号

$$(g)=\left\{\sum_0^n a_m\right\}$$

表示 $\sum a_n\cos nt$ 在 $t=0$ 的部分和的数列. 因此，$H_n^{(r)}(g),C_n^r(g)$ 分别表示 $g(t)$ 的傅里叶级数在 $t=0$ 的赫尔德和切萨罗的 r 阶的第 n 平均值. 我们又为

$$\alpha_0+\alpha_1+\cdots+\alpha_n+n\alpha_n=H_n^{(-1)}\left\{\sum_{m=0}^{n}a_m\right\}=H_n^{(-1)}(g). \tag{1}$$

从简单的计算知道

$$H_n^{(1)}\left\{H_v^{(-1)}(g)\right\} = \alpha_0 + \alpha_1 + \cdots + \alpha_n = H_n^0(g). \tag{2}$$

所以 $H_n^{(-1)}(g) \to s$ 是 $\sum_0^\infty a_n = s$ 和 $n\alpha_n \to 0$ 两者合并的结果. 因此 $H^{(-1)}$ 就是平常所定义的 $C^{(-1)}$.

我们需要几个补助定理.

补助定理 1　设 $g(t) \sim \sum \alpha_n \cos nt$, $g_1(t) = \dfrac{1}{t}\displaystyle\int_{+0}^t g(t)dt \sim \sum \beta_n \cos nt$,

$$g(-t) = g(t) \in CL(0,\pi), \quad g_1(-t) = g_1(t) \in CL(0,\pi).$$

则当 $tg(t) \in L(0,\pi)$ 时,

$$H_n^0(g) - 2_n^{(0)}(g_1) + H_n^{(-1)}(g_1) = \frac{1}{2}(\alpha_n - \beta_n) + o(1). \tag{3}$$

公式(3)当 $g(t)$ 为常数时自然成立. 因此我们不妨假设 $\alpha_0 = 0$. 这样一来, 由分离积分法,

$$\begin{aligned}
H_n^{(0)}(g) &= \frac{2}{\pi}\int_{+0}^{\pi/2} g(2t)\frac{\sin(2\pi+1)t}{\sin t}dt \\
&= \frac{2}{\pi}\left[tg_1(2t)\frac{\sin(2n+1)t}{\sin t}\right]_{t=\pi/2} - \int_{+0}^{\pi/2} tg(2t)\frac{d}{dt}\frac{\sin(2n+1)t}{\sin t}dt
\end{aligned} \tag{4}$$

的第一项变成 0. 所以(4)化为

$$H_n^{(0)}(g) = -\frac{2}{\pi}\int_{+0}^{\pi/2} tg_1(2t)\frac{d}{dt}\frac{\sin(2n+1)t}{\sin t}dt = I_1 + I_2 + I_3, \tag{5}$$

但

$$I_1 = \frac{2}{\pi}\int_{+0}^{\pi/2} t\cot g_1(2t)\frac{\sin(2n+1)t}{\sin t}dt,$$

$$I_2 = (2n+1)\frac{2}{\pi}\int_0^{\pi/2} tg_1(2t)\sin 2nt\,dt,$$

$$I_3 = -(2n+1)\frac{2}{\pi}\int_{+0}^{\pi/2} t\cos t \cdot g_1(2t)\cos 2nt\,dt.$$

首先, 由于

$$(t \cot t - 1)g_1(2t) = O(t^2)g_1(2t) = o(t), \tag{6}$$

得

$$I_1 = \frac{2}{\pi} \int_{+0}^{\pi/2} g_1(2t) \frac{\sin(2n+1)t}{\sin t} dt + o(1).$$

即

$$I_1 = H_n^{(0)}(g_1) + o(1). \tag{7}$$

其次，由于 CL 中函数的傅里叶系数是 $o(n)$ [1]，

$$\begin{aligned}
I_2 &= \frac{2n+1}{2\pi} \int_0^\pi tg_1(t) \sin nt dt \\
&= \left[\frac{2n+1}{2\pi} tg_1(t) \frac{-\cos nt}{n} \right]_{+0}^{\pi} + \frac{2n+1}{2n\pi} \int_{+0}^{\pi} g(t) \cos nt dt \\
&= \frac{1}{2}\alpha_n + \frac{\alpha_n}{4n} = \frac{1}{2}\alpha_n + o(1). \tag{8}
\end{aligned}$$

最后，写 $I_3 = (2n+1)I' - (2n+1)I''$，但

$$I' = \frac{2}{\pi} \int_0^{\pi/2} (1 - t \cot t)g_1(2t) \cos 2nt dt,$$

$$I'' = \frac{2}{\pi} \int_{+0}^{\pi/2} g_1(2t) \cos 2nt dt.$$

很明显地，$I' = o(1), I'' = \frac{1}{2}\beta_n$. 所以我们得到

$$I_3 = -n\beta_n - \frac{1}{2}\beta_n + o(1) + 2nI'. \tag{9}$$

合并(5),(7),(8),(9)，则得

$$H_n^{(0)}(g) = H_n^{(0)}(g_1) + \frac{1}{2}\alpha_n - n\beta_n - \frac{1}{2}\beta_n + 2nI' + o(1).$$

这也可以写成

$$H_n^{(0)}(g) - 2H_n^{(0)}(g_1) + H_n^{(-1)}(g_1) = \frac{1}{2}(a_n - \beta_n) + 2nI' + o(1). \tag{10}$$

---

[1] 见 HL [1]中补助定理 14.

因此，证明归结于建立下面的关系：

$$nI' = o(1). \tag{11}$$

由分离积分

$$\frac{\pi}{2}I' = \int_0^{\pi/2}(1 - t\cot t)g_1(2t)\cos 2nt\, dt$$

$$= \frac{1}{2n}\int_0^{\pi/2}\sin 2nt\,\frac{d}{dt}\big[(t\cot t - 1)g_1(2t)\big]dt = o\left(\frac{1}{n}\right),$$

最后的 $o\left(\dfrac{1}{n}\right)$ 是利用了 $tg(t) \in L(0,\pi)$. 所以(11)成立. 补助定理 1 证毕.

补助定理 2　若 $g(t)$ 与 $g_1(t)$ 都属于 $CL(0,\pi)$，则

$$H_n^{(1)}(g) - 2H_n^{(1)}(g_1) + H_n^{(0)}(g_1) = -\frac{1}{2}\beta_n + o(1). \tag{12}$$

当证明时不妨假设 $\alpha_0 = 0$. 因此，

$$H_n^{(1)}(g) = \frac{2}{n\pi}\int_{+0}^{\pi/2} g(2t)\left(\frac{\sin nt}{\sin t}\right)^2 dt$$

$$= -\frac{2}{n\pi}\int_{+0}^{\pi/2} tg_1(2t)\frac{d}{dt}\left(\frac{\sin nt}{\sin t}\right)^2 dt$$

$$= \frac{4}{n\pi}\int_{+0}^{\pi/2} t\cot t\, g_1(2t)\left(\frac{\sin nt}{\sin t}\right)^2 dt$$

$$- \frac{2}{\pi}\int_0^{\pi/2}\frac{tg_1(2t)}{\sin 2t}\left(\frac{\sin(2n+1)t + \sin(2n-1)t}{\sin t}\right)dt$$

$$= 2H_n^{(1)}(g_1) + 2H_n^{(1)}(\psi)$$

$$- \frac{1}{2}(H_n^{(0)}(g_1) + H_{n-1}^{(0)}(g_1)) - (H_n^{(0)}(X) + H_{n-1}^{(0)}(X)),$$

此地 $\psi(2t) = g_1(2t)(t\cot t - 1)$，$X(2t) = g_1(2t)\left(t\csc 2t - \dfrac{1}{2}\right)$.

因 $\psi(2t) = o(t), X(2t) = o(t)$，故由费耶(Fejér)的定理与迪尼(Dini)的定理，

$$H_n^{(1)}(\psi) = o(1), \quad H_n^{(0)}(X) = o(1).$$

由是即得(12). 补助定理 2 证毕.

补助定理 3　对于补助定理 2 中的 $g(t)$ 和 $g_1(t)$，成立着

$$H_n^{(r)}(g) - 2H_n^{(r)}(g_1) + H_n^{(r-1)}(g_1) = o(1), \quad r = 2,3,\cdots. \tag{13}$$

由 HL [1]中补助定理 15，$\beta_0 + \beta_1 + \cdots + \beta_n = o(n)$. 故取(12)两边的算术平均，就得

$$H_n^{(2)}(g) - 2H_n^{(2)}(g_1) + H_n^{(1)}(g_1) = o(1).$$

所以(13)当 $r = 2$ 时成立，因此对于 $r > 3$ 时也成立.

补助定理 4　假如 $g(t), g_1(t)$ 满足补助定理 1 的假设，则

$$\frac{\alpha_0 + \alpha_1 + \cdots + \alpha_n}{n+1} + \beta_n = o(1). \tag{14}$$

事实上，从(3)与(2)得

$$H_n^{(1)}(g) - 2H_n^{(1)}(g_1) + H_n^{(0)}(g_1) = \frac{1}{2} \frac{\alpha_0 + \alpha_1 + \cdots + \alpha_n}{n+1} + o(1). \tag{15}$$

从(15)与(12)，得(14).

补助定理 5　设 $h(x)$ 是以 2π 做周期的 L 可积函数. 假如

$$\int_0^t \left| \frac{h(x+t) - h(x-t)}{t} - 2A \right| dt = o(t),$$

则 $h(x)$ 的傅里叶级数的导级数

$$\sum_{n=1}^{\infty} \frac{n}{\pi} \int_{-\pi}^{\pi} h(t) \sin n(t-x) dx \tag{16}$$

在 x 可用 k 阶的 $(k > 1)$ 的切萨罗求和法求和，其和为 A.

这是 2.5 节中之一定理.

补助定理 6　在补助定理 2 的假设下，当 $\alpha_0 = 0$ 时，成立着

$$2\alpha_n = n(\beta_{n-1} - \beta_{n+1}) + v_n, \quad n = 1, 2, \cdots, \tag{17}$$

此地，级数 $\sum v_n = o(C, 2)$. 又若 $tg(t) \in L(0, \pi)$，则 $v_n = o(1)$.

事实上，由于 $\alpha_0 = 0$，

$$\begin{aligned}
2\alpha_n &= \frac{4}{\pi} \int_{+0}^{\pi} g(t) \cos ntdt = \frac{4n}{\pi} \int_0^{\pi} tg_1(t) \sin ntdt \\
&= \frac{4}{\pi} \int_0^{\pi} \sin t g_1(t) \sin ntdt + \frac{4n}{\pi} \int_0^{\pi} (t - \sin t) g_1(t) \sin ntdt \\
&= u_n + v_n
\end{aligned}$$

的话. 很明显地，

$$u_n = \frac{2n}{\pi} \int_0^\pi g_1(t)(\cos(n-1)t - \cos(n+1)t)dt$$

$$= n(\beta_{n-1} - \beta_{n+1}), \quad n = 1, 2, \cdots.$$

级数

$$\frac{1}{2}\sum_1^\infty v_n = \sum_1^\infty \frac{n}{\pi} \int_{-\pi}^\pi (t - \sin t)g_1(t)\sin nt dt$$

是函数 $h(t) \equiv (t - \sin t)g_1(t)$ 的傅里叶级数之导级数. 在 $t = 0$,

$$\int_0^t \left| \frac{t - \sin t}{t} g_1(t) \right| dt = \int_0^t \left| O(t^2)g_1(t) \right| dt = \int_0^t o(t)dt = o(t).$$

故由补助定理 5, 得

$$\sum_1^\infty v_n = o(C, 2). \tag{18}$$

这是证明补助定理 6 的前半.

其次,

$$\frac{1}{2}v_n = \frac{2n}{\pi} \int_0^\pi (t - \sin t)g_1(t)\sin nt dt$$

$$= \frac{2}{\pi} \int_0^\pi \cos nt \frac{d}{dt}\big[(t - \sin t)g_1(t)\big]dt$$

$$= o(1) + \frac{2}{\pi} \int_{+0}^\pi \cos nt(t - \sin t)g_1'(t)dt, \tag{19}$$

其中 $g_1'(t)$ 几乎处处等于

$$\frac{1}{t}g(t) - \frac{1}{t^2} \int_{+0}^t g(t)dt.$$

由于两函数

$$\frac{t - \sin t}{t^2} \int_{+0}^t g(t)dt \quad \text{和} \quad \frac{t - \sin t}{t}g(t)$$

都是 L 可积的, 所以从 (19) 得 $v_n = o(1)$. 补助定理 6 证明完毕.

补助定理 7　若 $g(t) \in CL, g(t) \sim \sum \alpha_n \cos nt, \alpha_n = O(1)$,

$$g_1(t) = \frac{1}{t} \int_{+0}^{t} g(t) dt.$$

则当 $\sum \alpha_n$ 可用切萨罗的方法求和时, $g_1(t) \in CL(0,\pi)$;设

$$g_1(t) \sim \sum \beta_n \cos nt,$$
$$tg(t) \in L(0,\pi),$$

则级数 $\sum \beta_n$ 也可用切萨罗的求和法求和.

首先注意级数 $\sum \dfrac{\alpha_n}{n}$ 可以用切萨罗的平均法求和. 由于 $\alpha_n = O(1)$, 所以 $\sum \dfrac{\alpha_n}{n}$ 是一收敛级数. 从级数的收敛, 容易导出 $g_1(t) \in CL(0,\pi)$. 导出的方法可见 HL[1] 中补助定理 17 的证明.

要证级数 $\sum \beta_n$ 的切萨罗可求和性, 不妨假设 $\alpha_0 = 0$. 从(17)得着

$$\sum_{n+1}^{N} \frac{2\alpha_m - v_m}{m} = \sum_{n+1}^{N} (\beta_{m-1} - \beta_{m+1}), \quad N > n+1 \geqslant 1. \tag{20}$$

级数 $\sum v_m$ 是 $(C,2)$ 求和法可以求和的, 所以级数 $\sum \dfrac{v_m}{m}$ 可用 $(C,1)$ 平均法求和. 由于 $v_n = o(1)$, 所以 $\sum m^{-1} v_m$ 是一收敛级数.

置 $w_m = 2\alpha_m - v_m$, 则级数 $\sum w_m$ 可用切萨罗的方法求和. 置

$$b_m = \sum_{v=m+1}^{\infty} \frac{w_v}{v},$$

由 HL[1]中之补助定理 5, 级数 $\sum b_m$ 可用切萨罗的平均法求和.

另一方面, 从(20)得

$$\sum_{n+1}^{\infty} (\beta_{m-1} - \beta_{m+1}) = \sum_{n+1}^{\infty} \frac{w_m}{m}.$$

即

$$\beta_n + \beta_{n+1} = b_n, \qquad n = 0,1,2,\cdots. \tag{21}$$

事实上, 由补助定理 4 及级数 $\sum \dfrac{\alpha_n}{n}$ 的收敛, 得

$$\beta_n = -\frac{\alpha_0 + \alpha_1 + \cdots + \alpha_n}{n+1} + o(1) = o(1). \tag{22}$$

由 (21)，$2\sum_0^n \beta_m = \sum_0^n b_m + \beta_0 + o(1)$．因 $\sum b_m$ 可用切萨罗方法求和，故 $\sum \beta_m$ 也可用切萨罗平均法求和．证明完毕．

系 若 $\sum \alpha_n$ 可用切萨罗平均法求和，则必 $\beta_n = o(1)$．

补助定理 8 关系

$$\lim_{n\to\infty} C_n^{(r)}(\varphi_m) = s \tag{23}$$

成立的充要条件是

$$\lim_{n\to\infty} C_n^{(r-1)}(\varphi_{m+1}) = s. \tag{24}$$

但 $r \geqslant 0, m = 0,1,2,\cdots$．此定理在下面三个条件下成立的：(i) $\varphi(t) \in CL$，(ii) $\varphi(t)$ 的傅里叶系数是 $O(1)$，(iii) $t\varphi(t) \in L$．

当证明前，首先注意到下面的种种事情：(1°) 假如 $\varphi_m(t)(m > 1)$ 存在，则必 $\varphi_0(t), \varphi_1(t), \cdots, \varphi_{m-1}(t)$ 都存在．(2°) 当 $\varphi_m(t)$ 属于 CL 时，它的傅里叶级数是 $\sum \alpha_{nm} \cos nt$．(3°) 若 $m > 1, \varphi_m(t)$ 属于 CL，则

$$\lim_{n\to\infty} \alpha_{nm} = 0.$$

最后的结果须要证明．证明 $\alpha_{n2} = o(1)$ 就够了，这是由于补助定理 4：

$$\frac{\alpha_{01} + \alpha_{11} + \cdots + \alpha_{n1}}{n+1} + \alpha_{n2} = o(1).$$

但是当 $\varphi_1(t) \in CL$ 时，上式第一项是 $o(1)$ 就够了，故必 $\alpha_{n2} = o(1)$．

我们分两种情形来证明补助定理 8．

(i) $r = 0,1,2,\cdots$．

假如 (24) 成立，则当 $r \geqslant 2$ 时，

$$-H_n^{(r-1)}(\varphi_{m+1}) = -s + o(1), \tag{25}$$

因之，

$$2H_n^{(r)}(\varphi_{m+1}) = 2s + o(1). \tag{26}$$

又由 (13)，

$$H_n^{(r)}(\varphi_m) - 2H_n^{(r)}(\varphi_{m+1}) + H_n^{(r-1)}(\varphi_{m+1}) = o(1).$$

将此式与(25)，(26)相加，就得

$$H_n^{(r)}(\varphi_m) = s + o(1). \tag{27}$$

这是与(23)等价的．假如 $r = 1$ ，我们不用(13)而用(12)．此时(25)之意义是 $\sum \alpha_{n,m+1}$ 收敛于 s ，所以 $\alpha_{n,m+1} = o(1)$ ．因此仍然得着(27)．假如 $r = 0$ ，我们可以利用(3)，此时，

$$H_n^0(\varphi_m) = s + \frac{1}{2}(\alpha_{nm} - \alpha_{n,m+1}) + o(1)$$
$$= s + \frac{1}{2}\alpha_{nm} + o(1),$$

因为 $\sum \alpha_{n,m+1}$ 是收敛的．由是得到

$$\alpha_{0m} + \alpha_{1m} + \cdots + \alpha_{nm} - \frac{1}{2}\alpha_{nm} = s + o(1). \tag{28}$$

此结果并不含有级数 $\sum \alpha_{nm}$ 的收敛，例如 $\sum (-1)^n$ ．要证明 $\sum \alpha_{nm}$ 是一收敛级数，必须证明 $\alpha_{nm} = o(1)$ ．我们假设 $\alpha_{0m} = 0$ ．由补助定理 6 ，

$$2\alpha_{nm} = n(\alpha_{n-1,m+1} - \alpha_{n+1,m+1}). \tag{29}$$

关系(25)的意义是 $\sum \alpha_{n,m+1}$ 可用 $(C, -1)$ 平均法求和．故必

$$\lim_{n \to \infty} n\alpha_{n,m+1} = 0. \tag{30}$$

由(28)，(29)，(30)得 $\alpha_{0m} + \alpha_{1m} + \cdots + \alpha_{nm} = s + o(1)$ ， 即

$$\lim_{n \to \infty} C_n^{(0)}(\varphi_m) = s.$$

假如(23)成立，则当 $r \geqslant 2$ 时，由补助定理 3 ，

$$2H_n^{(r)}(\varphi_{m+1}) - H_n^{(r-1)}(\varphi_{m+1}) = s + o(1). \tag{31}$$

由补助定理 7 ， $\varphi_{m+1}(t) \sim \sum \alpha_{n,m+1} \cos nt$ 是有意义的，并且级数 $\sum \alpha_{n,m+1}$ 可用切萨罗平均法求和．取正整数 N 适当的大，关系

$$\lim_{n \to \infty} H_n^{(N)}(\varphi_{m+1}) = s',$$

s' 是一常数．若 $r - 1 \geqslant N$ ，则由(31)， $s = s'$ ．因之(24)成立．若 $r - 1 < N$ ，则由

(31)得

$$2H_n^{(N)}(\varphi_{m+1}) - H_n^{(N-1)}(\varphi_{m+1}) = s + o(1),$$

这是把(31)取几回的平均值而得的. 因此,

$$H_n^{(N-1)}(\varphi_{m+1}) = 2s' - s + o(1). \tag{32}$$

此式必须 $s' = s$. 所以 $H_n^{(N-1)}(\varphi_{m+1}) = s + o(1)$. 以此逐步类推, 得

$$H_n^{(r-1)}(\varphi_{m+1}) = s + o(1).$$

这与(24)等价的. 假如 $r = 1$, 那么我们可以得到

$$H_n^{(1)}(\varphi_{m+1}) = s + o(1). \tag{33}$$

但是, 从补助定理 2, $H_n^{(0)}(\varphi_{m+1}) = s - \dfrac{1}{2}\alpha_{n,m+1} + o(1)$. 即

$$H_n^0(\varphi_{m+1}) = s + o(1),$$

此由于补助定理 7 的系. 故(24)成立. 最后, 假定 $r = 0$, 那么, 上面的议论可以引导到

$$H_n^{(0)}(\varphi_{m+1}) = s + o(1). \tag{34}$$

另一方面, 补助定理 1 给我们

$$H_n^{(-1)}(\varphi_{m+1}) = s + \frac{1}{2}(\alpha_{n,m} - \alpha_{n,m+1}) + o(1). \tag{35}$$

由假设, $C_n^{(0)}(\varphi_m) \to s$. 所以 $\alpha_{nm} = o(1)$. 又从(34)得 $\alpha_{n,m+1} = o(1)$. 因此(35)简化成

$$H_n^{(-1)}(\varphi_{m+1}) = s t o(1),$$
即

$$\lim_{n \to \infty} C_n^{(-1)}(\varphi_{m+1}) = s.$$

(ii) $r > 0, r \neq 1, 2, 3, \cdots$.

设 r' 是适合于 $-1 < r - r' < 0$ 的最小整数, 那么 $r' \geqslant 1$. 设 v 是一正整数, $\alpha > -1$, 则

$$\lim_{n\to\infty} C^{(\alpha)}\left\{H_m^{(v)}(u)\right\} = U$$

的充要条件是

$$\lim_{n\to\infty} C^{(\alpha+v)}(u) = U,$$

但 $(u) = u_0, u_1, \cdots$ [1]. 置

$$H_n^{(r')}(\varphi_m) - 2H_n^{(r')}(\varphi_{m+1}) + H_n^{(r'-1)}(\varphi_{m+1}) = H_n^{(r')}\{y_n\}, \tag{36}$$

则由补助定理 1,

$$y_n = \frac{1}{2}(\alpha_{n,m} - \alpha_{n,m+1}) + o(1).$$

首先从(24)导出(23). 从

$$C_n^{(r-1)}(\varphi_{m+1}) = s + o(1) \tag{37}$$

得

$$C_n^{(r'-1)}(\varphi_{m+1}) = s + o(1). \tag{38}$$

假如 $r' > 2$, 则 $\{y_n\}$ 的算术平均为 $o(1)$, 因此,

$$C_n^{(r)}\{y_n\} = o(1). \tag{39}$$

从(36), 我们得到

$$C_n^{(r-r')}\{H_n^{(r')}(\varphi_m)\} = C_n^{(r-r')}\{2H_n^{(r')}(\varphi_{m+1}) - H_n^{(r'-1)}(\varphi_{m+1}) + H_n^{(r')}\{y_n\}\}. \tag{40}$$

此式的右方三项, 由(37), (38), (39), 顺次的是

$$2s + o(1), \qquad -s + o(1), \qquad o(1),$$

所以(40)化成

$$C_n^{(r-r')}\{H_n^{(r')}(\varphi_m)\} = s + o(1).$$

即

---

① Hausdorff [1], 参阅 Zygmund [1].

$$C_n^{(r)}(\varphi_m) = s + o(1).$$

对于 $r' = 1, r' = 2$，假如我们证明白(39)，同样的议论一步一步都成立．先设 $r' = 2$．由假设

$$C_n^{(1)}(\varphi_{m+1}) = s + o(1)$$

得到 $C_n^{(2)}(\varphi_m) = s + o(1)$．由补助定理 7，$a_{n,m+1} = o(1)$．由补助定理 4，$H_n^{(1)}\{a_{nm}\} = o(1)$．因此，

$$H_n^{(1)}\{y_n\} = o(1)$$

因 $r > 1$，自然 $C_n^{(r)}\{y_n\} = o(1)$．所以(39)当 $1 < r < 2$ 时成立．次设 $r' = 1$．此时的证明要麻烦一些．我们先证下面的事实，设 $r > -1$，则

$$C_n^{(r)}\{a_0 + a_1 + \cdots + a_n\} = A + o(1) \quad 含有 \quad C_n^{(r+1)}\{na_n\} = o(1). \tag{41}$$

事实上，

$$C_n^{(1)}\{a_0 + a_1 + \cdots + a_n + na_n\} = a_0 + a_1 + \cdots + a_n.$$

所以

$$C_n^{(r)}\{C_n^{(1)}\{a_0 + a_1 + \cdots + a_n + na_n\}\} = C_n^{(r)}\{a_0 + a_1 + \cdots + a_n\} = A + o(1).$$

另一方面，

$$C_n^{(r)}\{C_n^{(1)}\{a_0 + a_1 + \cdots + a_n\}\} = A + o(1).$$

故必

$$C_n^{(r+1)}\{na_n\} = o(1).$$

由假设，$C_n^{(r-1)}(\varphi_{m+1}) = s + o(1), 0 < r < 1$．利用(41)，得着

$$C_n^{(r)}\{na_{n,m+1}\} = o(1). \tag{42}$$

我们假设 $\alpha_{0m} = 0$．那么，从补助定理 6 得到

$$2a_{nm} = n(a_{n-1,m+1} - a_{n+1,m+1}) + o(1)$$
$$= (n-1)a_{n-1,m+1} - (n+1)a_{n+1,m+1} + o(1), \tag{43}$$

因为此地 $a_{n,m+1} = o(1)$ 成立. 但是当 $r > 0$ 时, 从 (42) 和 (43), 得到

$$C_n^{(r)}\{a_{nm}\} = o(1).$$

所以

$$C_n^{(r)}\{y_n\} = C_n^{(r)}\left\{\frac{1}{2}(a_{n,m} - a_{n,m+1}) + o(1)\right\} = o(1).$$

这样, 对于 $0 < r < 1$, 证明了 (39). 因此完成了从 (24) 导出 (23) 的证明.

　　其次从 (23) 导出 (24). 假设

$$C_n^{(r)}(\varphi_m) = s + o(1)$$

这是与

$$C_n^{(r-r')}\{H_n^{(r')}(\varphi_m)\} = s + o(1) \tag{44}$$

等价的. 由上文的证明, $C_n^{(r'-1)}(\varphi_{m+1}) = s + o(1)$. 所以

$$C_n^{(r-r')}\{H_n^{(r')}(\varphi_{m+1})\} = s + o(1). \tag{45}$$

从 (36), (44), (45) 得到

$$C_n^{(r-r')}\{H_n^{(r'-1)}(\varphi_{m+1})\} = s + o(1) + C^{(r-r')}\{H_n^{(r')}\{y_v\}\}, \tag{46}$$

但是 (23) 包含着级数 $\sum \dfrac{a_{nm}}{n}$ 可用 $(C, r-1)$ 平均法求其和[①]. 因此, 由 (41),

$$C_n^{(r)}\left\{v, \frac{a_{vm}}{v}\right\} = C_n^{(r)}\{a_{vm}\} = o(1). \tag{47}$$

由是

$$C_n^{(r)}\{y_v\} = C_n^{(r)}\left\{\frac{1}{2}(a_{vm} - a_{v,m+1})\right\} + o(1) = o(1).$$

从 (46) 与 (47) 得到

$$C_n^{(r-r')}\{H_n^{(r'-1)}(\varphi_{m+1})\} = s + o(1),$$

---

① Chapman [1]. 但是关系 (47) 易从 (23) 导出的.

即

$$C_n^{(r-1)}(\varphi_{m+1}) = s + o(1).$$

这就是说：(23)含有(24). 补助定理 8 证毕.

最后，我们还要两个已知的定理作为补助定理：

补助定理 9 L 可积函数 $f(x)$ 的傅里叶级数在 $f(x)$ 的连续点可用 (C,δ) 平均法求和，和为 $f(x)$，δ 是一任意的正数[①].

补助定理 10 设 $0 < a < 1$，假如级数 $\sum a_n$ 可用 $(C,-a)$ 求和法求其和，则[②]

$$\lim_{t \to 0} \sum_{n=1}^{\infty} a_n \frac{\sin nt}{nt} = s.$$

20. 现在我们可以证明定理 1 与定理 2. 设

$$A_n = A_n(x) = \frac{1}{\pi} \int_{-\pi}^{\pi} f(t) \cos n(t-x) dt,$$

则 $f(x)$ 的傅里叶级数是

$$f(x) \sim \frac{1}{2} A_0(x) + \sum_{n=1}^{\infty} A_n(x). \tag{48}$$

置 $\varphi(t) = \varphi_0(t) = \frac{1}{2}\{f(x+t) + f(x-t)\}$ 时， $\varphi(t) \sim \frac{A_0}{2} + \sum_1^{\infty} A_n \cos nt$. 由是 $f(x)$ 的傅里叶级数在 x 的求和问题就是 $\varphi_0(t)$ 的傅里叶级数在 $t = 0$ 的求和问题. 并且

$$\frac{1}{2} A_0 = a_{00}, \qquad A_n = a_{n0} \quad (n = 1, 2, \cdots).$$

假如(48)可 $(C,p), p \geqslant 0$，求和法求和，那么 $\varphi_0(t)$ 的傅里叶级数在 $t = 0$ 可用同一求和法求和，和都是 s. 从补助定理 8，

$$C_n^{(p-1)}(\varphi_1) = s + o(1).$$

因此

$$C_n^{p-k}(\varphi_k) = s + o(1), \quad k = 1, 2, \cdots, [p] + 1.$$

---

① M. Riesz [2], Chapman [1].

② Hardy-Littlewood [2].

这是证明定理的前半.

其次，置 $p' = [p] + 1, \psi(t) = \varphi_{p'}(t) - a_{0p'}$. 则

$$\psi(t) \sim \sum_1^\infty a_{np'} \cos nt$$

$$a_{np'} = \frac{2}{\pi} \int_{+0}^\pi \psi(t) \cos nt dt$$

$$= \frac{2n}{\pi} \int_0^\pi \int_{+0}^t \psi(n) dn \cdot \sin nt dt.$$

由是

$$\frac{2}{\pi} \int_0^\pi \int_{+0}^t \psi(t') dt' \sin nt dt = \frac{a_{np'}}{n}, \quad n = 1, 2, \cdots,$$

$$\int_{+0}^t \psi(u) du \sim \sum_1^\infty \frac{a_{np'}}{n} \sin nt, \quad 0 \leqslant t \leqslant \pi. \tag{49}$$

但是，函数 $\int_{+0}^t \psi(u) du$ 在区间 $0 \leqslant t \leqslant \pi$ 中是连续的. 故由费耶(Fejér)的定理，级数(49)在 $(0, \pi)$ 中可用算术平均法求其和. 由补助定理 7 的系，$a_{np'} = o(1)$ ，所以等式

$$\int_{+0}^t \psi(u) du = \sum_1^\infty \frac{a_{np'}}{n} \sin nt, \quad 0 \leqslant t \leqslant \pi$$

成立. 即

$$\frac{1}{t} \int_{+0}^t \psi(u) du = \sum_{n=1}^\infty a_{np'} \frac{\sin nt}{nt} \quad (0 < t \leqslant \pi). \tag{50}$$

但是 $C_n^{(p-p')}(\varphi_{p'}) = s + o(1), -1 \leqslant p - p' < 0$ ，故由补助定理 10,

$$\lim_{t \to 0} \sum_{n=1}^\infty a_{np'} \frac{\sin nt}{nt} = s - a_{0p'}$$

所以从(50)得

$$\lim_{t \to 0} \int_{+0}^t \varphi_{p'}(t) dt = s,$$

即

$$\lim_{t\to 0}\varphi_{[p]+2}(t) = s.$$

定理 1 的证明因此完成. 这是在 (1°), (2°), (3°) 的条件下做成的.

定理 2 的前半是从补助定理 8 直接明白的. 今设

$$\lim_{t\to 0}\varphi_k(t) = s,$$

那么, 从补助定理 9, 对于任一正数 δ, 关系

$$\lim_{n\to\infty}C_n^{\delta}(\varphi_k) = s$$

成立. 故由补助定理 8,

$$\lim_{n\to\infty}C_n^{(k+\delta)}(\varphi_0) = s.$$

这就是说: $f(x)$ 的傅里叶级数在 x 可用 (C,δ) 平均法求和, 和为 s. 因此定理 2 在 (1°), (2°), (3°) 的假设下, 证明完成.

注意: 条件 (ii) $A_n = O(1)$ 自然可改进为 $A_n = A_n(x) > -K$.

定理 2 的后半还可以有如下的改进:

定理 3 若 $\varphi_k(t) > -K$ (K 是一正数, 与 t 无关系), 且

$$\lim_{t\to 0}\varphi_{k+1}(t) = s,$$

则 $f(x)$ 的傅里叶级数在 x 可用 $(C, k+\delta)$ 平均法求和, 和为 s, δ 是任一正数. 当 $\varphi_k(t) > -K$ 时, 假如 $\lim \varphi_{k+1}(t)$ 不存在, 那么 $f(x)$ 的傅里叶级数在 x 不可以用切萨罗求和法求和.

当 $k = 0$ 时, 这是哈代-李特尔伍德的定理[1]. 今设 $\varphi_{k+1}(t)$ 当 $t \to 0$ 时, 越近于 s. 那么, 由刚刚所引的定理,

$$C_n^{(\delta)}(\varphi_k) = s + o(1). \tag{51}$$

应用定理 2 的前半于 (51), 得着 $C_n^{(k+\delta)}(\varphi_0) = s + o(1)$. 所以定理 3 的前半是真的. 同样可证定理 3 的后半, 利用定理 1 好了. 证明完毕.

注意: 当 $k > 0$ 时, 定理 3 在宽大的条件 (i), (ii), (iii) 下成立. 又条件 $\varphi_k(t) > K$ 可代以

---

① Hardy-Littlewood [3].

$$\int_0^t |\varphi_k(u)|^p \, du = o(t).$$

此可参见 HL[3] 中定理 B.

21. 对于正整数阶级的求和法，我们有下面的定理：

定理 4　设 k 是一正整数. 假如 $\varphi_k(t)$ 是一有界变差的函数，那么 $f(x)$ 的傅里叶级数在 x，可用 $(C, k-1)$ 平均法求和.

此定理当 $k = 0$ 时不成立，因为有界变差函数的傅里叶系数未必是 $o\left(\dfrac{1}{n}\right)$. 当 $k = 1$ 时，定理 4 就是德拉瓦-莱普森(de la Vallée Poussin)的收敛定理，但是定理 4 在宽大的条件(i)，(ii)，(iii)下成立的.

在定理 4 的假设下，假如证明

$$na_{nk} = o(1). \tag{52}$$

那么定理 4 的结论，可以从定理 2($q = -1$) 明白，因为级数 $\sum a_{nk}$ 是收敛的. 要证 (52)，分解 $\varphi_k(t)$ 为两个单调增加函数 $h_1(t)$ 与 $h_2(t)$ 的差

$$\varphi_k(t) = h_1(t) - h_2(t).$$

自然可以假设 $h_1(+0) = h_2(+0) = 0$. 设 $0 < \delta < \pi$，则

$$na_{nk} = \frac{2n}{\pi} \int_0^\pi \varphi_k(t) \cos nt \, dt = \frac{2n}{\pi} \int_0^\delta + \frac{2n}{\pi} \int_\delta^\pi .$$

由第二平均值定理

$$\int_0^\delta h_i(x) \cos nt \, dt = h_i(\delta) O\left(\frac{1}{n}\right) \qquad (i = 1, 2).$$

又由分离积分法，记着 $\varphi_k(t) \in L(\delta, \pi)$，得

$$\int_\delta^\pi \varphi_k(t) \cos nt \, dt = -\varphi_k(\delta) \frac{\sin n\delta}{n} + o\left(\frac{1}{n}\right).$$

对于 $\varepsilon > 0$，先取 δ，再取 $n_0 = n_0(\varepsilon)$，则当 $n > n_0$ 时，

$$|na_{nk}| < \varepsilon.$$

所以 (52) 成立. 定理证毕.

2.2　收 敛 问 题

22. 傅里叶级数的收敛判定法. 若 $f(x)$ 的傅里叶级数在 x 收敛，则由定理 1，

$$\lim_{t \to 0} \varphi_2(t) = s, \tag{1}$$

s 是傅里叶级数之和. 当此收敛的必要条件(1)成立时，则 $f(x)$ 的傅里叶级数在 x 收敛的充要条件是

$$\lim_{n \to \infty} H_n^{(0)}(\varphi - \varphi_1) = 0. \tag{2}$$

事实上，条件的必要性是显然的. 另一方面，(2)含有

$$H_n^{(0)}(\varphi - \varphi_1) - H_{n-1}^{(0)}(\varphi - \varphi_1) = a_{n0} - a_{n1} = o(1).$$

但是由 2.1 节中补助定理 7 的系，$a_{n1} = o(1)$. 所以 $a_{n0} = o(1)$. 由 2.1 节的补助定理 1，得着

$$\lim_{n \to \infty} n \int_0^\pi \varphi_1(t) \cos nt dt = 0. \tag{3}$$

由(1)与(3)得 $H_n^{(-1)}(\varphi_1) = s + o(1)$，事实上由(1)和(2)，$\sum a_{n1}$ 必须收敛，又由(3)知此式成立. 由 2.1 节的补助定理 8，$H_n^{(0)}(\varphi) = s + o(1)$. 此即证明条件的充足性.

由是，当(1)成立时，$f(x)$ 的傅里叶级数的收敛问题化为 $\varphi(t) - \varphi_1(t)$ 的级数在 $t = 0$ 的收敛问题. 同理，$\varphi(t) - \varphi_1(t)$ 的傅里叶级数在 $t = 0$ 的收敛问题和 $\varphi(t) - 2\varphi_1(t) + \varphi_2(t)$ 的傅里叶级数在 $t = 0$ 的收敛问题等价，等等. 因此，当(1)成立时，我们可用函数

$$\varphi(t) - k\varphi_1(t) + \cdots + (-)^k \varphi_k(t) \quad (k \geqslant 1)$$

代入 $\varphi(t)$ 的傅里叶级数在 $t = 0$ 的任一收敛判定法中的 $\varphi(t)$，而得到关于 $f(x)$ 的傅里叶级数之新的收敛判定法. 特别，我们有如下的定理：

定理　假如 $\varphi_2(t) = s + o(1)$ 且 $t^{-1}(\varphi(t) - k\varphi_1(t) + \cdots + (-1)^k \varphi_k(t)) \in L(0, \pi)$，那么 $f(x)$ 的傅里叶级数在点 x 收敛于 s. 假如函数

$$\frac{\varphi(t) - k\varphi_1(t) + \cdots + (-1)^k \varphi_k(t)}{t}$$

可用勒贝格的意义积分，但是 $\lim \varphi_2(t)$ 不存在，那么 $f(x)$ 的傅里叶级数在点 x 必

不收敛, 并且不可以用切萨罗的方法求和.

这个命题的前半是迪尼(Dini)判定法的拓广. 迪尼原来的判定法是相当于 $s = 0, k = 0$. 当 $k = 1$ 时, 我们的定理就是德拉瓦-莱普森(de la Vallée Poussin)的判定法. 事实上, 他的收敛条件是

$$\int_0^\pi \mid d\varphi_1(t) \mid < \infty \quad 即 \quad \int_0^\pi \left| \frac{\varphi(t) - \varphi_1(t)}{t} \right| dt < \infty.$$

此时 $\lim \varphi_2(t)$ 必须存在.

一般地说, 函数

$$\Phi_k(t) \equiv \varphi_1(t) - (k-1)\varphi_2(t) + \cdots + (-1)^{k-1}\varphi_k(t) \tag{4}$$

在 $(0, \pi)$ 为有界变差, 就是函数

$$\frac{\varphi(t) - k\varphi_1(t) + \cdots + (-1)^k \varphi_k(t)}{t}$$

在 $(0, \pi)$ 依勒贝格的意义可以积分, 事实上,

$$\int_0^\pi \mid d[\varphi_1(t) - (k-1)\varphi_2(t) + \cdots + (-1)^{k-1}\varphi_k(t)] \mid$$

$$= \int_0^\pi \left| \frac{\varphi(t) - k\varphi_1(t) + \cdots + (-1)^k \varphi_k(t)}{t} \right| dt.$$

因此, 我们的定理的陈述虽是 "迪尼的形式", 它和 "德拉瓦-莱普森的形式" 是等价的.

假如函数 $\Phi_k(t)$ 在 $(0, \pi)$ 是有界变差. 那么函数 $\Phi_{k+1}(t)$ 在 $(0, \pi)$ 也是有界变差. 事实上, 当 $\Phi_k(t)$ 是有界变差时, 它的平均函数

$$\frac{1}{t} \int_0^t \Phi_k(t) dt = \varphi_2(t) - (k-1)\varphi_3(t) + \cdots + (-1)^{k-1}\varphi_{k+1}(t)$$

也是有界变差. 因之, 函数

$$\Phi_k(t) - \frac{1}{t} \int_0^t \Phi_k(t) dt = \Phi_{k+1}(t)$$

也是有界变差. 所以 k 愈大, 定理愈佳(收敛的范围愈广).

现在我们证明定理的后半. 假设是(i) $\varphi_2(+0)$ 不存在, (ii) $t^{-1}(\varphi - k\varphi_1 + \cdots + (-1)^k \varphi_k) \in L(0, \pi)$. 假如可能的话, $f(x)$ 的傅里叶级数在 x 可用切萨罗的求和法

求和, 那么 $\Phi_k(t)$ 的傅里叶级数在 $t = 0$ 也可以用切萨罗平均法求和. 然由(ii),

$$H_n^{(0)}(\varphi - k\varphi_1 + \cdots + (-1)^k \varphi_k) = o(1),$$

即

$$H_n^{(0)}(\varphi - (k-1)\varphi_1 + \cdots + (-1)^{k-1}\varphi_{k-1})$$
$$-H_n^{(0)}(\varphi_1 - (k-1)\varphi_2 + \cdots + (-1)^{k-1}\varphi_k) = o(1).$$

用证明(3)的方法, 可知 $\Phi_k(t)$ 的傅里叶系数是 $o\left(\dfrac{1}{n}\right)$. 因此,

$$H_n^{(0)}(\varphi - (k-1)\varphi_1 + \cdots + (-1)^{k-1}\varphi_{k-1}) = o(1).$$

这个手续可以继续做去, 直到 $H_n^{(0)}(\varphi - \varphi_1) = o(1)$. 此结果包含

$$\lim_{n \to \infty} H_n^{(0)}(\varphi) \quad \text{和} \quad \lim_{n \to \infty} H_n^{(-1)}(\varphi_1)$$

的存在, 因为 φ 与 φ_1 的傅里叶级数在 $t = 0$ 都可以用切萨罗的方法求和的. 因此 $\varphi_2(+0)$ 必存在, 这与假设(i)不相容. 定理证毕.

23. 克罗内克(Kronecker)的极限. 当级数 $\sum \alpha_n$ 可用 $(C,1)$ 求和法求和时, 级数

$$\frac{a_0}{1} + \frac{a_1}{2} + \frac{a_2}{3} + \cdots + \frac{a_n}{n+1} + \cdots$$

必收敛. 这个定理, 是有许多人证明过的[1]. 但是我们将要证明克罗内克的条件 $a_1 + 2a_2 + \cdots + na_n = o(n)$ 含有级数 $\sum \dfrac{a_n}{n+1}$ 的收敛. 实际上, 下面的定理成立.

定理 1 两极限

$$\lim_{n \to \infty} \frac{a_1 + 2a_2 + \cdots + na_n}{n}, \quad \lim_{n \to \infty} n \sum_{v=n}^{\infty} \frac{a_v}{v+1}$$

中有一个存在的话, 另一个也必存在, 并且两极限值相等[2].

此可用下述克诺甫(Knopp)的定理[3]证明: 若

$$u_1 + u_2 + \cdots + u_n + \cdots = s(C,1),$$

---

① Bohr [1], M. Riesz [1], Chapman [1], Knopp [1].

② 这是 K. K. Chen [8].

③ Knopp [1].

则

$$s - s_n = n(s' - s'_n) + o(1),$$

但 $s_n = u_1 + \cdots + u_n$, $s'_n = u_1 + \dfrac{u_2}{2} + \cdots + \dfrac{u_n}{n}$, $s'_n \to s'$. 又若 $s'_n \to s'$ 且有 s 适合于 $s - s_n = n(s' - s'_n) + o(1)$, 则必 $\sum u_n = s(C,1)$.

要证定理 1 , 先设

$$\lim_{n \to \infty} \frac{a_1 + 2a_2 + \cdots + na_n}{n} = k.$$

这就是 $\sum\limits_1^{\infty}\{na_n - (n-1)a_{n-1}\} = k(C,1)$. 因此, 级数

$$\sum_{n=1}^{\infty} \frac{na_n - (n-1)a_{n-1}}{n}$$

收敛于一数 σ , 即

$$\lim_{n \to \infty} \sum_{v=1}^{n} \frac{va_v - (v-1)a_{v-1}}{v} = \lim_{n \to \infty} \left[a_n + \sum_{v=2}^{n} \frac{a_{v-1}}{v} \right] = \sigma.$$

应用克诺甫定理的前半, 得

$$k - na_n = n\left[\sigma - a_n - \sum_{v=2}^{n} \frac{a_{v-1}}{v} \right] + o(1).$$

由是

$$k - na_n = no(1) + o(1), \quad a_n = o(1).$$

所以 $\sum\limits_2^{\infty} \dfrac{a_{n-1}}{n} = \sigma$, 且得

$$k = n\left(\sigma - \sum_{v=2}^{n} \frac{a_{v-1}}{v} \right) = n\sum_{n+1}^{\infty} \frac{a_{v-1}}{v} + o(1).$$

次设

$$\lim_{n \to \infty} n\sum_{n+1}^{\infty} \frac{a_{v-1}}{v} = k,$$

则

$$k = \lim_{n \to \infty} \left[\frac{n}{n+1} a_n + n \sum_{n+2}^{\infty} \frac{a_{v-1}}{v} \right]$$

$$= \lim_{n \to \infty} \frac{n}{n+1} \left[a_n + (n+1) \sum_{n+2}^{\infty} \frac{a_{v-1}}{v} \right]$$

$$= \lim_{n \to \infty} \frac{n}{n+1} a_n + k.$$

故必 $a_n = o(1)$. 因此,

$$\lim_{n \to \infty} \sum_{2}^{n} \frac{a_{v-1}}{v} = \lim_{n \to \infty} \left[a_n + \sum_{2}^{n} \frac{a_{v-1}}{v} \right] = \lim_{n \to \infty} \sum_{1}^{n} \frac{v a_v - (v-1) a_{v-1}}{v}.$$

记此极限值为 σ. 因此,

$$k = n \left[\sigma - \sum_{v=2}^{n} \frac{a_{v-1}}{v} \right] + o(1)$$

$$= n \left[\sigma - \sum_{v=1}^{n} \frac{v a_v - (v-1) a_{v-1}}{v} + a_n \right] + o(1)$$

$$= n a_n + n \left[\sigma - \sum_{v=1}^{n} \frac{v a_v - (v-1) a_{v-1}}{v} \right] + o(1),$$

即

$$k - \sum_{v=1}^{n} (v a_v - (v-1) a_{v-1}) = n \left[\sigma - \sum_{v=1}^{n} \frac{v a_v - (v-1) a_{v-1}}{v} \right] + o(1).$$

应用克诺甫定理的后半, 得

$$\sum_{v=1}^{\infty} (v a_v - (v-1) a_{v-1}) = k(C, 1),$$

即

$$\lim_{n \to \infty} \frac{a_1 + 2a_2 + \cdots + n a_n}{n} = k.$$

定理证毕.

设 $f(x)$ 是一具有周期 2π 的 L 可积的周期函数, 它的傅里叶级数

$$f(x) \sim \frac{1}{2}a_0 + \sum_{n=1}^{\infty}(a_n \cos nx + b_n \sin nx) \tag{1}$$

在 $x = x_0$ 收敛的充要条件是: (i)级数(1)在 x_0 可用切萨罗平均法求和, (ii)克罗内克极限

$$\lim_{n \to \infty} \frac{A_1 + 2A_2 + \cdots + nA_n}{n} \tag{2}$$

存在, 但 $A_n = a_n \cos nx_0 + b_n \sin nx_0$. 求和法的问题已详论于 2.1 节, 此地讨论(2)的存在问题[①]. 主要的结果如下:

定理 2 极限(2)的存在含有极限

$$\lim_{\substack{\delta \to 0 \\ \delta > 0}} \int_{\delta}^{\pi} \frac{1}{t} \int_0^t \varphi(t_1)dt_1 dt \tag{3}$$

的存在, 此地 $\varphi(t_1) = f(x_0 + t_1) + f(x_0 - t_1)$. 当(3)存在时, 假如

$$\sigma(t) = \frac{1}{t} \int_{-\pi}^{\pi} \frac{1}{t_1} \int_0^t \varphi(t_1 + t_2)dt_2 dt_1 \tag{4}$$

在 $0 \leqslant t \leqslant \pi$ 等价于全连续函数(就是勒贝格不定积分), 那么(2)存在. 所谓等价, 就是两函数不相等之点的全体, 成一零集之意. 又(4)中关于 t_1 的积分是柯西的主值:

$$\lim_{\varepsilon \to 0}\left(\int_{-\pi}^{-\varepsilon} + \int_{\varepsilon}^{\pi} \cdots dt_1\right).$$

易知

$$\frac{A_1 + 2A_2 + \cdots + nA_n}{n} = \frac{1}{2\pi}\int_0^{\pi}\left(\varphi(t)\left[\frac{\sin\left(n + \frac{1}{2}\right)t}{\sin\frac{t}{2}} - \frac{\sin^2\frac{nt}{2}}{n\sin^2\frac{t}{2}}\right]\right)dt$$

$$= \frac{1}{4\pi}\int_0^{\pi}\left[(\varphi(t) + \varphi(-t))\frac{\sin\left(n + \frac{1}{2}\right)t}{\sin\frac{t}{2}} - \frac{\sin^2\frac{nt}{2}}{n\sin^2\frac{t}{2}}\right]dt.$$

故设

---

① K. K. Chen [9].

$$\varphi(t) \sim \frac{1}{2}\alpha_0 + \alpha_1 \cos t + \cdots + \alpha_n \cos nt + \cdots,$$

则得

$$\frac{A_1 + 2A_2 + \cdots + nA_n}{n} = \frac{1}{2} \cdot \frac{\alpha_1 + 2\alpha_2 + \cdots + n\alpha_n}{n}.$$

因此，我们可用 $\dfrac{\alpha_1 + 2\alpha_2 + \cdots + n\alpha_n}{n}$ 代 $2\dfrac{A_1 + 2A_2 + \cdots + nA_n}{n}$. 显然地，我们可以假定 $\alpha_0 = 0$ 而得 $\varphi(t) \sim \alpha_1 \cos t + \alpha_2 \cos 2t + \cdots$.

现在，从

$$\frac{1}{2} \log\left(\frac{1}{4}\csc^2\frac{x}{2}\right) = \sum_{n=1}^{\infty} \frac{\cos nx}{n},$$

$$\varphi(x) \sim \sum_{n=1}^{\infty} \alpha_n \cos nx$$

得到[①]

$$\frac{1}{2\pi}\int_{-\pi}^{\pi} \varphi(x+\xi)\log\left(\frac{1}{4}\csc^2\frac{\xi}{2}\right)d\xi = \sum_{n=1}^{\infty}\frac{\alpha_n}{n}\cos nx, \tag{5}$$

可能除出一个零集中的 x.

我们首先建立几个补助定理：

补助定理 1 假如两个极限

$$\lim_{n\to\infty}\frac{\alpha_1 + 2\alpha_2 + \cdots + n\alpha_n}{n} \text{ 和 } \lim_{n\to\infty} n\sum_{n=1}^{\infty}\frac{\alpha_v}{v}$$

中有一个存在，那么两者都存在且相等.

此可从定理 1 导出. 事实上，置 $a_v = a_{v+1}$，则

---

① 若 $f_i(x) \sim \dfrac{1}{2}a_{0i} + \displaystyle\sum_{n=1}^{\infty}(a_{ni}\cos nx + b_{ni}\sin nx)$ $(i=1,2)$，则

$$\frac{1}{\pi}\int_{-\pi}^{\pi} f_1(x\pm\xi)f_2(\xi)d\xi = \frac{1}{2}a_{01}a_{02} + \sum_{n=1}^{\infty}(a_{n1}a_{n2} + b_{n1}b_{n2})\cos nx + \sum_{n=1}^{\infty}(\pm a_{n2}b_{n1} - a_{n1}b_{n2})\sin nx.$$

$$\frac{a_1 + 2a_2 + \cdots + na_n}{n} = \frac{\alpha_1 + 2\alpha_2 + \cdots + n\alpha_n}{n} - \frac{\alpha_1 + \alpha_2 + \cdots + \alpha_n}{n} + \alpha_{n+1}$$

$$= \frac{\alpha_1 + 2\alpha_2 + \cdots + n\alpha_n}{n} + o(1).$$

补助定理 2 极限 $\lim\limits_{n\to\infty} n^{-1}(\alpha_1 + 2\alpha_2 + \cdots + n\alpha_n)$ 的存在含有积分

$$\int_{+0}^{\pi} \frac{1}{t} \int_0^t \varphi(t_1) dt_1 dt$$

的存在. 而此积分的存在含有方程

$$\sum_{n=1}^{\infty} \frac{\alpha_n}{n} = \frac{1}{\pi} \int_{+0}^{\pi} \cot \frac{t}{2} \int_0^t \varphi(t_1) dt_1 \cdot dt \tag{6}$$

的成立.

事实上, 极限 $\lim n^{-1}(\alpha_1 + 2\alpha_2 + \cdots + n\alpha_n)$ 的存在含有级数 $\sum \dfrac{\alpha_n}{n}$ 的收敛, 此由于补助定理 1. 另一方面, 级数的收敛乃是积分

$$\int_{+0}^{t} \varphi_1(u) du$$

存在的充要条件[1]. 当此积分存在且 $\alpha_0 = 0$ 时, 等式

$$\sum_1^{\infty} \frac{\alpha_n}{n} = \frac{1}{2\pi} \int_{-\pi}^{\pi} \cot \frac{t}{2} \int_0^t \varphi(t_1) dt_1 dt$$

成立. 因 $\cot \dfrac{t}{2} \displaystyle\int_0^t \varphi(t_1) dt_1$ 是一偶函数, 故补助定理 2 中的方程成立.

补助定理 3 当极限(3)存在时, (2)的存在等价于极限

$$\lim_{n\to\infty} n \int_0^{\pi} \big(g(t) - g(0)\big) \frac{\sin\left(n + \dfrac{1}{2}\right)t}{\sin\dfrac{t}{2}} dt \tag{7}$$

的存在, 但除一 t 的零集而外,

---

① HL [1].

$$g(t) = \frac{1}{2\pi} \int_{-\pi}^{\pi} \varphi(t + t_1) \log\left(\frac{1}{4} \csc^2 \frac{t_1}{2}\right) dt_1.$$

事实上，极限(2)的存在，等价于极限 $\lim n^{-1}(\alpha_1 + 2\alpha_2 + \cdots + n\alpha_n)$ 的存在. 其充要条件是下式：

$$-n \sum_{n+1}^{\infty} \frac{\alpha_v}{v} = n\left(\sum_{1}^{n} \frac{\alpha_v}{v} - \sum_{1}^{\infty} \frac{\alpha_v}{v}\right) = n\left(\sum_{1}^{n} \frac{\alpha_v}{v} - g(0)\right)$$

$$= \frac{n}{\pi} \int_{0}^{\pi} (g(t) - g(0)) \frac{\sin\left(n + \frac{1}{2}\right)t}{\sin \frac{t}{2}} dt$$

当 $n \to \infty$ 时，具有一定的极限值. 证毕.

补助定理 4　假如 $F(t)$ 在区间 $0 \leqslant t \leqslant \pi$ 中是一全连续函数，则极限

$$\lim_{n \to \infty} n \int_{0}^{\pi} F(t) \sin\left(n + \frac{1}{2}\right) t dt$$

必存在.

事实上，由分离积分法，

$$n \int_{0}^{\pi} F(t) \sin\left(n + \frac{1}{2}\right) t dt = \frac{n}{n + \frac{1}{2}} \left[F(0) + \int_{0}^{\pi} F^1(t) \cos\left(n + \frac{1}{2}\right) t dt \right].$$

当 $n \to \infty$，此式趋近于 $F(0)$.

补助定理 5　设 $F(t)$ 是具有周期 2π 的全连续的周期奇函数，则

$$\lim_{n \to \infty} n \int_{0}^{\pi} \int_{0}^{t} F(t_1) dt_1 \frac{\sin\left(n + \frac{1}{2}\right)t}{\sin \frac{t}{2}} dt = 0. \tag{8}$$

设 $\sum \gamma_n \sin nt$ 是 $F(t)$ 的傅里叶级数，则必 $n\gamma_n = o(1)$，因之

$$\lim_{n \to \infty} \frac{\gamma_1 + 2\gamma_2 + \cdots + n\gamma_n}{n} = 0.$$

由补助定理 1，得

$$\lim_{n\to\infty} n \sum_{v=n+1}^{\infty} \frac{\gamma_v}{v} = 0.$$

这是与(8)等价的.

补助定理 6 除一零集中的 t 而外,

$$g(t) - g(0) = \lim_{\substack{\delta\to 0 \\ \delta > 0}} \int_0^t \frac{1}{\pi} \int_\delta^\pi \cot \frac{t_1}{2} (\varphi(t_1 + t_2) - \varphi(t_1 - t_2)) dt_1 dt_2. \tag{9}$$

事实上, 置 $\Phi(t_1) = \varphi(t + t_1) + \varphi(t - t_1)$, 则不顾一个零集中的 t 的话,

$$2\pi g(t) = \int_{-\pi}^\pi \varphi(t + t_1) \log\left(\frac{1}{4} \csc^2 \frac{t_1}{2}\right) dt$$

$$= \int_0^\pi (\varphi(t + t_1) + \varphi(t - t_1)) \log\left(\frac{1}{4} \csc^2 \frac{t_1}{2}\right) dt_1$$

$$= \lim_{\delta\to 0} \int_\delta^\pi \Phi(t_1) \log\left(\frac{1}{4} \csc^2 \frac{t_1}{2}\right) dt_1.$$

留意, $\int_0^\pi \Phi(t_2) dt_2 = \pi \alpha_0 = 0$, 对于 $0 < \delta < \pi$, 成立着

$$-\int_\delta^\pi \cot \frac{t_1}{2} \int_0^{t_1} \Phi(t_2) dt_2 dt_1 + \int_\delta^\pi \Phi(t_1) \log\left(\frac{1}{4} \csc^2 \frac{t_1}{2}\right) dt_1$$

$$= \int_\delta^\pi \frac{d}{dt_1} \left(\log\left(\frac{1}{4} \csc^2 \frac{t_1}{2}\right) \int_0^{t_1} \Phi(t_2) dt_2 \right) dt_1$$

$$= -\log\left(\frac{1}{4} \csc^2 \frac{\delta}{2}\right) \int_0^\delta \Phi(t_2) dt_2$$

$$= -\delta \log\left(\frac{1}{4} \csc^2 \frac{\delta}{2}\right) \cdot \frac{1}{\delta} \int_{-\delta}^\delta \varphi(t + t_2) dt_2 = o(1), \tag{10}$$

除开零集中之 t. 因此,

$$2\pi g(t) = \lim_{\delta\to 0} \int_\delta^\pi \cot \frac{t_1}{2} \int_0^{t_1} (\varphi(t + t_2) + \varphi(t - t_2)) dt_2 dt_1. \tag{11}$$

从(6)与(11)得着

$$2\pi(g(t) - g(0)) = \lim_{\delta\to 0} \int_\delta^\pi \cot \frac{t_1}{2} \int_0^{t_1} [\varphi(t + t_2) + \varphi(t - t_2) - 2\varphi(t_2)] dt_2 dt_1. \tag{12}$$

但是

$$\int_0^{t_1} \left[\varphi(t+t_2)t\varphi(t-t_2) - 2\varphi(t_2)\right] dt_2 = \int_{-t_1}^{t_1} \left(\varphi(t+t_2) - \varphi(t_2)\right) dt_2$$

$$= \int_{-t_1+t}^{t_1+t} \varphi(t_2) dt_2 - \int_{-t_1}^{t_1} \varphi(t_2) dt_2$$

$$= \int_{t_1}^{t_1+t} \varphi(t_2) dt_2 - \int_{-t_1}^{-t_1+t} \varphi(t_2) dt_2$$

$$= \int_0^t \left[\varphi(t_2 + t_1) - \varphi(t_2 - t_1)\right] dt_2,$$

所以(12)变成

$$2\pi(g(t) - g(0)) = \lim_{\delta \to 0} \int_\delta^\pi \cot \frac{t_1}{2} \int_0^t \left(\varphi(t_2 + t_1) - \varphi(t_2 - t_1)\right) dt_2 dt_1$$

$$= \lim_{\delta \to 0} \int_0^t \int_\delta^\pi \cot \frac{t_1}{2} \left[\varphi(t_2 + t_1) - \varphi(t_2 - t_1)\right] dt_1 dt_2. \tag{13}$$

补助定理 6 证毕.

注意: 假如由积分(5), 把 $2\pi(g(t) - g(0))$ 形式上表示出来, 那么利用分离积分法, 似乎就可以得着(12). 但是这个理论是不正确的, 除非引入更多的条件. 事实上, 我们可以证明下面的事实:

若级数 $\sum \dfrac{\alpha_n}{n}$ 收敛(或极限(3)存在), 则方程

$$\frac{1}{2\pi} \int_{-\pi}^\pi \varphi(t) \log\left(\frac{1}{4} \csc^2 \frac{t}{2}\right) dt = \sum_{n=1}^\infty \frac{\alpha_n}{n} \tag{14}$$

成立的充要条件是

$$\lim_{t \to 0} \log t \cdot \int_0^t \varphi(t_1) dt_1 = 0.$$

设 $0 < \delta < \pi$, 则

$$\int_\delta^\pi \varphi(t) \log\left(\frac{1}{4} \csc^2 \frac{t}{2}\right) dt = \log\left(\frac{1}{4} \csc^2 \frac{\pi}{2}\right) \int_\delta^\pi \varphi(t_1) dt_1 + \int_\delta^\pi \cot \frac{t}{2} \int_\delta^t \varphi(t_1) dt_1 dt$$

$$= o(1) + \int_\delta^\pi \cot \frac{t}{2} \left[\int_0^t \varphi(t_1) dt_1 - \int_0^\delta \varphi(t_1) dt_1\right]$$

$$= \int_\delta^\pi \cot \frac{t}{2} \int_0^t \varphi(t_1) dt_1 - \int_\delta^\pi \cot \frac{t}{2} dt \cdot \int_0^\delta \varphi(t_1) dt_1 + o(1).$$

由补助定理 2,

$$\int_{+0}^{\pi} \cot\frac{t}{2} \int_0^t \varphi(t_1) dt_1 dt = \pi \sum_{n=1}^{\infty} \frac{\alpha_n}{n}.$$

所以(14)成立的充要条件是

$$\lim_{\delta \to 0} \int_\delta^\pi \cot\frac{t}{2} dt \cdot \int_0^\delta \varphi(t_1) dt_1 = 0, \tag{15}$$

因为

$$\int_{-\pi}^{\pi} \varphi(t) \log\left(\frac{1}{4}\csc^2\frac{t}{2}\right) dt = 2\lim_{\delta \to 0} \int_\delta^\pi \varphi(t)\log\left(\frac{1}{4}\csc^2\frac{t}{2}\right) dt.$$

但是(15)与

$$\log\left(\frac{1}{4}\csc^2\frac{\delta}{2}\right)\int_0^\delta \varphi(t_1) dt_1 = o(1)$$

等价，就是与 $\log\delta \int_0^\delta \varphi(t) dt = o(1)$ 等价. 这就是所要的结果.

补助定理 7 若 $\rho(t) = \cot\frac{t}{2} - \frac{2}{t}$，则函数

$$\psi(t) = \int_0^\pi \rho(t_1)(\psi(t_1 + t) - \varphi(t_1 - t)) dt_1$$

成一不定积分.

当证明时，首先注意到 $\rho(t), \rho'(t), \rho''(t)$ 在 $(-\pi, \pi)$ 中都是有界变差的连续函数；实际上，$\rho'''(t)$ 在 $(-\pi, \pi)$ 中是连续的. 其次注意 $\rho(t), \rho'(t)$ 是奇函数，又注意

$$\int_{-\pi}^{\pi} (\varphi(t_1 + t) - \varphi(t_1 - t)) dt = 0,$$

则

$$\begin{aligned}
2\psi(t) &= \int_{-\pi}^{\pi} \rho(t_1)\big(\varphi(t_1 + t) - \varphi(t_1 - t)\big) dt \\
&= -\int_{-\pi}^{\pi} \rho'(t_1) \int_{-\pi}^{t_1} \varphi(t_2 + t) - \varphi(t_2 - t) dt_2 dt_1 \\
&= \int_{-\pi}^{\pi} \rho'(t_1) \left[\int_{-\pi+t}^{t_1+t} \varphi(t_2) dt_2 - \int_{-\pi-t}^{t_1-t} \varphi(t_2) dt_2 \right] dt_1 \\
&= -\int_{-\pi}^{\pi} \rho'(t_1) \left[\int_{-\pi}^{t_1+t} - \int_{-\pi}^{-\pi+t} - \int_{-\pi}^{t_1-t} - \int_{-\pi}^{-\pi-t} \right] \varphi(t_2) dt_2 dt_1 \\
&= -\int_{-\pi}^{\pi} \rho'(t_1)\big(\Phi_1(t_1 + t) - \Phi_1(t_1 - t)\big) dt_1 + \int_{-\pi}^{\pi} \rho_1'(t_1) dt_1 \int_{-\pi-t}^{-\pi+t} \varphi(t_2) dt_2,
\end{aligned}$$

但

$$\Phi_1(y) = \int_{-\pi}^{y} \varphi(t_2)dt_2.$$

又置

$$\Phi_2(y) = \int_{-\pi}^{y} \Phi_1(t_2)dt_2,$$

且注意

$$\int_{-\pi}^{\pi} (\Phi_1(t_1+t) - \Phi_1(t_1-t))dt_1 = 0, \qquad \int_{-\pi}^{\pi} \rho''(t_1)dt_1 = 0,$$

乃得

$$2\psi(t) = \int_{-\pi}^{\pi} \rho''(t_1)(\Phi_2(t_1+t) - \Phi_2(t_1-t))dt_1 + 2\rho(\pi)\int_{-t}^{t} \varphi(t_2-\pi)dt_2. \qquad (16)$$

兹将函数

$$\frac{1}{\pi}\int_{-\pi}^{\pi} \rho''(t_1)(\Phi_2(t_1+t) - \Phi_2(t_1-t))dt_1$$

展成傅里叶级数. 设 $\rho''(t) \sim \sum \beta_n \sin nt (-\pi < t < \pi)$ ，显然

$$\Phi_2(t) = -\sum n^{-2}\alpha_n \cos nt + 常数.$$

所以

$$\frac{1}{\pi}\int_{-\pi}^{\pi} \rho''(t_1)(\Phi_2(t_1+t) - \Phi_2(t_1-t))dt_1 = 2\sum_{1}^{\infty} \frac{\alpha_n\beta_n}{n^2} \sin nt.$$

由于 $\rho''(t)$ 在 $(-\pi, \pi)$ 中是有界变差，故 $n\beta_n = O(1)$. 由是，

$$\frac{d}{dt}\int_{-\pi}^{\pi} \rho''(t_1)(\Phi_2(t_1+t) - \Phi_2(t_1-t))dt_1 = 2\pi\sum_{1}^{\infty} \frac{\alpha_n\beta_n}{n} \cos nt. \qquad (17)$$

这是连续函数. 由(16)与(17)，知 $\psi(t)$ 是一不定积分.

由于 $\psi(t+2\pi) = \psi(t) = -\psi(-t)$ ，所以从补助定理 7 和补助定理 5 得

$$\lim_{n\to\infty} n\int_{0}^{\pi}\int_{0}^{t} \psi(t_1)dt_1 \frac{\sin\left(n+\frac{1}{2}\right)t}{\sin\frac{t}{2}} dt = 0. \qquad (18)$$

但是

$$\int_0^t \psi(t_1)dt_1 = \int_0^t \int_0^\pi \left(\cot \frac{t_2}{2} - \frac{2}{t_2} \right) (\varphi(t_2 + t_1) - \varphi(t_2 - t_1))dt_2 dt_1$$

$$= \lim_{\delta \to 0} \int_0^t \int_\delta^\pi \left(\cot \frac{t_2}{2} - \frac{2}{t_2} \right) (\varphi(t_2 + t_1) - \varphi(t_2 - t_1))dt_2 dt_1.$$

故由补助定理 6, 得到

$$2\pi(g(t) - g(0)) = 2 \lim_{\delta \to 0} \int_0^t \int_\delta^\pi \frac{\varphi(t_2 + t_1) - \varphi(t_2 - t_1)}{t_2} dt_2 dt_1 + \int_0^t \psi(t_1)dt_1. \quad (19)$$

由(18), (19), 及补助定理 3, 得如下的结果:

补助定理 8 当极限(3)存在时, 克罗内克极限存在的充要条件是极限

$$\lim_{n+\infty} n \int_0^x \sigma_1(t) \frac{\sin\left(n + \frac{1}{2}\right)t}{\sin \frac{t}{2}} dt \quad (20)$$

存在, 但 $\sigma_1(t)$ 几乎处处等于

$$\lim_{\delta \to 0} \int_0^t \int_\delta^\pi \frac{\varphi(t_2 + t_1) - \varphi(t_2 - t_1)}{t_1} dt_1 dt_2. \quad (21)$$

现在我们能完成定理的证明了:

$$2\sigma_1(t) = 2 \lim_{\delta \to 0} \int_\delta^\pi \frac{1}{t_1} \int_0^t (\varphi(t_2 + t_1) - \varphi(t_2 - t_1))dt_2 dt_1$$

$$= 2 \int_{+0}^\pi \frac{1}{t_1} \int_0^t (\varphi(t_2 + t_1) - \varphi(t_2 - t_1))dt_2 dt_1$$

$$= \int_{-\pi}^\pi \frac{1}{t_1} \int_0^t (\varphi(t_2 + t_1) - \varphi(t_2 - t_1))dt_2 dt_1.$$

因下面 $\int_{-\pi}^\pi \cdots dt_1$ 中的函数是 t_1 的奇函数, 故

$$\int_{-\pi}^\pi \frac{1}{t_1} \int_0^t (\varphi(t_2 + t_1) + \varphi(t_2 - t_1))dt_2 dt \equiv 0.$$

因此

$$\sigma_1(t) = \int_{-\pi}^{\pi} \frac{1}{t_1} \int_0^t \varphi(t_2 + t_1)dt_2 dt,$$

$$\sigma(t) = \frac{1}{t}\sigma_1(t).$$

在区间 $(0, \pi)$ 上，假如 $\sigma(t)$ 等价于一全连续函数，则函数

$$\frac{t}{\sin\dfrac{t}{2}}\sigma(t) = \frac{\sigma_1(t)}{\sin\dfrac{t}{2}}$$

也等价于一全连续函数. 由补助定理 4 和补助定理 8 得定理 2.

24. **函数** $\cos(At^{-\alpha} + B + tl(t))$ 的傅里叶级数   设 $\phi(t)$ 是具有周期 2π 的周期偶函数，$\phi(t) \in L(0, \pi)$，它的傅里叶级数是 $\sum a_n \cos nt$. 取正数 δ 适当小，在区间 $(0, \delta)$ 中，$\phi(t)$ 或是成一有界变差的函数，或是满足杨(Young)的条件

$$\frac{1}{t}\int_0^t \phi(\tau)d\tau = o(1), \quad \frac{1}{t}\int_0^t |d(\tau\phi(\tau))| = O(1)(t \to o), \tag{1}$$

则 $\phi(t)$ 在 $(0, \delta)$ 必为有界且级数 $\sum a_n$ 收敛[1]. 此外，对于有界函数的傅里叶级数的收敛判定定理，有如下的定理[2]. 若

$$\phi(t+h) - \phi(+0) = o\left(\log\frac{1}{|h|}\right) \quad (h \to 0), \tag{2}$$

且 $a_n = O(n^{-\delta})(\delta > 0)$，则级数 $\sum a_n$ 收敛.

前面两个收敛判定法是包含于勒贝格判定法中的[3]. 又条件(2)含有 $\phi(t)$ 在 $t = 0$ 的连续性.

此地作者也给有界函数的傅里叶级数一个收敛判定法. 这个判定法并不包含 $\phi(t)$ 在 $t = 0$ 的连续性，也不含有条件

$$\lim_{k\to\infty} \overline{\lim_{x\to+0}} \int_{kx}^{\pi} \frac{|\phi(t+x) - \phi(t)|}{t}dt = 0.$$

这个条件是勒贝格判定法的拓广[4]. 作者的定理如下：

定理 1   设 $\phi(t)$ 是一偶函数，当 $0 < t < \pi$ 时，

---

① Pollard [1].

② Hardy-Littlewood [4], [5].

③ Hardy [1].

④ G. Gergen [1].

$$\phi(t) = \cos(At^{-\alpha} + B + tl(t)),$$
$$A > 0, \quad \alpha > 0, \quad l(t) \in L(0, \pi). \tag{3}$$

$\phi(t + 2\pi) = \phi(t)$ 的话，$\phi(t)$ 的傅里叶级数在 $t = 0$ 是收敛的.

当证明时，不妨假设 $l(t) \equiv 0$，事实上，当 $n \to \infty$ 时，下式趋近于 0：

$$\int_0^\pi \left\{ \cos\left(\frac{A}{t^\alpha} + B + tl(t)\right) - \cos\left(\frac{A}{t^\alpha} + B\right) \right\} \sin nt \frac{dt}{t}.$$

因此，我们只要证明极限

$$\lim_{n \to \infty} \int_0^b \cos\left(\frac{A}{t^\alpha}\right) \cdot \frac{\sin nt}{t} dt, \quad b > 0, A > 0, \alpha > 0$$

的存在就好了. 事实上，我们能够证明下面的

基本定理 若 $\alpha > 0, A > 0, b > 0, n > 0$，则必有常数 $C = C(\alpha, A)$ 适合

$$n^{\frac{\alpha}{2+2\alpha}} \left| \int_0^b \cos nt \cdot \cos\left(\frac{A}{t^a}\right) \cdot \frac{dt}{t} \right| \leqslant C(\alpha, A). \tag{4}$$

补助定理 1 若 $0 \leqslant a < b, \alpha > 0, A > 0, n > 0$，则置 $p = \dfrac{2+\alpha}{2+2\alpha}$ 时，

$$\left| \int_a^b \cos\left(nt + \frac{A}{t^\alpha}\right) dt \right| \leqslant C^+(\alpha, A) n^{-p}. \tag{5}$$

事实上，函数

$$t + \frac{A}{nt^\alpha} \quad (t > 0) \tag{6}$$

在 $t = t_n = \left(\dfrac{\alpha A}{n}\right)^{\frac{1}{1+\alpha}}$ 取最小值，当证明时，不妨假设

$$a \leqslant t_n \leqslant b.$$

当 $0 < t \leqslant t_n$ 时，写 $x = t + \dfrac{A}{nt^\alpha}$. 若 $t \geqslant t_n$，则写 $y = t + \dfrac{A}{nt^\alpha}$，那么

$$\int_a^b \cos\left(nt + \frac{A}{t^\alpha}\right) dt = -\int_{x(t_n)}^{x(a)} \cos nx \frac{dt}{dx} \cdot dx + \int_{y(t_n)}^{y(b)} \cos ny \cdot \frac{dt}{dy} dy$$
$$= I_1 + I_2, \tag{7}$$

此地 $x(t_n) = y(t_n) = \dfrac{\alpha+1}{\alpha} t_n$ 是函数(6)的最小值. 补助定理 1 的证明依赖着

补助定理 2 设 $\alpha > 0, \gamma_{-1}^2 = \dfrac{1}{1+\alpha}, \gamma_0 = \dfrac{2+\alpha}{3+3\alpha}$. 又设

$$\gamma_v = \frac{(\alpha v + \alpha + 2)(v+2)}{(2v+2)(v+3)} \gamma_{-1}\gamma_{v-1} - \frac{v+2}{\gamma_{-1}(v+3)} \sum_{i=1}^{v-1} \frac{\gamma_i \gamma_{v-i-1}}{v-i+1} \quad (v > 0), \tag{8}$$

则必

$$|\gamma_v| < \frac{(10\sqrt{1+\alpha})^v}{v+1} \quad (v = 0,1,2,\cdots); \tag{9}$$

并且方程

$$1 + \sum_{v=-1}^{\infty} \frac{\gamma_v s^{v+2}}{v+2} = (1+\alpha) \sum_{v=-1}^{\infty} \gamma_v s^{v+1} \sum_{v=-1}^{\infty} \frac{\gamma_v s^{v+1}}{v+2} - \frac{\alpha}{2} \sum_{v=-1}^{\infty} \gamma_v s^{v+2} \tag{10}$$

在一圆 $|s| < \rho, \rho > 0$ 内成立, ρ 是幂级数 $\sum \gamma_v s^v$ 的收敛半径.

取定了 γ_0 和 γ_{-1}, 则当 $v \geqslant 0$ 时, 比较(10)中 s^{v+1} 的系数, 得着

$$\frac{\gamma_{v-1}}{v+1} = (1+\alpha) \sum_{i=-1}^{v} \frac{\gamma_i \gamma_{v-i-1}}{v-i+1} - \frac{\alpha}{2} \gamma_{v-1}.$$

由是即得(8). 所要证明的是(9).

由假设, (9)当 $v = 0$ 时成立. 而从

$$\gamma_1 = \frac{6\alpha+6}{16} \gamma_{-1}\gamma_0 - \frac{3}{4\gamma_{-1}} \cdot \frac{\gamma_0^2}{2} = \frac{1}{8} \gamma_0 \gamma_{-1}(1+2\alpha)$$

知(9)当 $v = 1$ 时成立.

今设 $\mu > 1$. 若(9)当 $v < \mu$ 时成立, 则由(8),

$$|\gamma_\mu| < \sqrt{1+\alpha} \sum_{i=0}^{\mu-1} \frac{(10\sqrt{1+\alpha})^{\mu-1}}{(i+1)(v-i)(v+1-i)} + \frac{\alpha\mu+\alpha+2}{2\mu(\mu+1)} (10\sqrt{1+\alpha})^{\mu-1} |\gamma_{-1}|$$

$$= (10\sqrt{1+\alpha})^\mu H,$$

此地

$$H = \frac{1}{10} \sum_{i=0}^{\mu-1} \frac{1}{(i+1)(\mu+1-i)(\mu-i)} + \frac{\alpha\mu+\alpha+2}{20\mu(\mu+1)(1+\alpha)}.$$

置 $\left[\dfrac{\mu}{2}\right] = \mu'$，则

$$H < \frac{1}{10(\mu - \mu')} \sum_{i=0}^{\mu'-1} \frac{1}{(1+i)(\mu+1-i)} + \frac{1}{10(\mu'-1)} \sum_{i=\mu'}^{\mu-1} \frac{1}{(\mu-i+1)(\mu-i)} + \frac{\alpha+2}{20\mu(1+\alpha)}$$

$$< \frac{1}{5\mu} + \frac{1}{5\mu} + \frac{1}{10\mu} = \frac{1}{2\mu} < \frac{1}{\mu+1}.$$

证明完毕.

补助定理 3 若 $\alpha > 0, t_0 > 0, z_0 = \dfrac{\alpha+1}{\alpha} t_0$，则微分方程

$$\frac{dt}{dz} = \frac{t}{(1+\alpha)t - \alpha z}$$

的解 $t = t(z)$ 具有原始条件 $t = t_0, z = z_0$ 的，可以写成下面的形式：

$$t = t_0 + t_0 \sum_{v=-1}^{\infty} \frac{\gamma_v s^{v+2}}{v+2}. \tag{11}$$

但 $\gamma_{-1}^2 = \dfrac{1}{1+\alpha}, \gamma_0 = \dfrac{\alpha+2}{3+3\alpha}$，当 $v > 0$ 时，γ_v 由(8)决定. 而

$$s = \sqrt{\frac{(2+2\alpha)(z-z_0)}{\alpha z_0}}. \tag{12}$$

事实上，所要的解是 $\alpha t^{\alpha+1} + t_0^{\alpha+1} = \alpha z t^{\alpha}$. 代入微分方程，得

$$\frac{dt}{dz} = \frac{1}{1 - \left(\dfrac{t_0}{t}\right)^{1+\alpha}}.$$

因此，当 $z > z_0$ 时，t 是 z 的两值函数.

由(9)，幂级数(11)的收敛半径是正的. 最后，我们还要验证方程

$$((1+\alpha)t - \alpha z)\frac{dt}{dz} = t$$

的成立. 此方程在(11)，(12)之情形下，化为(10). 故由补助定理 2，知补助定理 3 成立.

补助定理 4 $|I_2| \leqslant C_2(\alpha, A)n^{-p}$.

要证此不等式，置 $v = \dfrac{t_n}{t}$，则得

$$\frac{dt}{dy} = \frac{1}{1 - v^{1+\alpha}}, \quad v < 1.$$

于(11)和(12)，置 $z = y$，且取 $\gamma_{-1} = \dfrac{t_0}{\sqrt{1+\alpha}} = t_n, z_0 = \gamma(t_n)$，则由补助定理 3，在幂级数的收敛圆中，

$$\frac{dt}{dy} = \frac{\gamma_{-1}}{s} + \sum_{v=0}^{\infty} \gamma_v s^v. \tag{13}$$

首先，对于

$$I_{21} = \int_{y(t_n)}^{y(b)} \frac{\cos}{\sin} ny \cdot \frac{\gamma_{-1}}{s} dy,$$

我们证明

$$| I_{21} | \leqslant C_{21}(\alpha, A) n^{-p}. \tag{14}$$

实际上，

$$I_{21} = \int_0^{n(y(b)-y(t_n))} \frac{\cos}{\sin}(w + ny(t_n)) \sqrt{\frac{\alpha y(t_n)}{2nw}} \cdot \frac{dw}{1+\alpha}.$$

它的绝对值

$$| I_{21} | \leqslant \sqrt{\frac{\alpha y(t_n)}{2n}} 2 \max_{U>0} \left| \int_0^U \frac{\cos}{\sin} w \frac{dw}{\sqrt{w}} \right|$$

$$< 4\sqrt{\frac{2}{1+\alpha}} (\alpha A)^{\frac{1}{2+2\alpha}} n^{-\frac{2+\alpha}{2+2\alpha}}.$$

这就证明了(14).
　　其次，对于

$$I_{22} = \int_{y(t_n)}^{y(b)} \frac{\cos}{\sin} ny \cdot \left(\frac{dt}{dy} - \frac{\gamma_{-1}}{s} \right) dy,$$

我们证明

$$|I_{22}| < C_{22}(\alpha)n^{-1}. \tag{15}$$

注意到

$$\left(\frac{s}{\gamma_{-1}}\right)^2 = \frac{2(1+\alpha)^2}{\alpha}\left\{\frac{\alpha t + \alpha A n^{-1}t^{-\alpha}}{(1+\alpha)t_n} - 1\right\} = \frac{2(1+\alpha)^2}{\alpha}\left(\frac{\alpha v^{-1} + v^\alpha}{1+\alpha} - 1\right),$$

得到

$$\frac{dt}{dy} - \frac{\gamma_{-1}}{s} = \frac{1}{1-v^{1+\alpha}} - \sqrt{\frac{\alpha}{(2+2\alpha)(\alpha v^{-1} + v^\alpha - 1 - \alpha)}} = R(v).$$

利用此式,我们可以证明有如下的数 $Y(\alpha)$:当 $y > Y(\alpha)$ 时,

$$\frac{d}{dy}\left\{\frac{dt}{dy} - \frac{\gamma_{-1}}{s}\right\} > 0.$$

这就是要证明:当 v 甚小时,不等式

$$\frac{d}{dv}\left\{\frac{dt}{dy} - \frac{\gamma_{-1}}{s}\right\} < 0$$

成立. 现在,

$$R'(v) = \frac{(1+\alpha)v^\alpha}{(1-v^{1+\alpha})^2} + \sqrt{\frac{\alpha}{2+2\alpha}}\frac{\alpha v^{\alpha-1} - \alpha v^{-2}}{2(\alpha v^{-1} + v^\alpha - 1 - \alpha)^{3/2}},$$

即

$$(1-v^{1+\alpha})^2\sqrt{v}(\alpha + v^{1+\alpha} - v - \alpha v)^{3/2}R'(v)$$

$$= (1+\alpha)v^{\alpha+1/2}(\alpha + v^{1+\alpha} - v - \alpha v)^{3/2} + \frac{\alpha}{2}\sqrt{\frac{\alpha}{2+2\alpha}}(v^{1+\alpha} - 1)^3.$$

当 v 小于一个定数 $v_0(\alpha)$,上式是负的,它与下式同号:

$$(1+\alpha)^{2/3}v^{\frac{2\alpha+1}{3}}(\alpha + v^{1+\alpha} - v - \alpha v) - \frac{\alpha}{2}(1+\alpha)^{-1/3}(1-v^{1+a})^2, \tag{16}$$

这是由于 $(|X|^3 - |Y|^3)(|X|^2 - |Y|^2) \geqslant 0$. 函数(16)在线段 $v_0 \leqslant v \leqslant 1$ 上是解析的,因 $v_0 > 0$,它在 $(0,1)$ 中只有有限个零点. 因此,存在着如下的有限个点 $v_0, v_1, \cdots, v_l = 1, l = l(\alpha)$,

$$v_0 < v_1 < \cdots < v_l,$$

v 的函数 $\dfrac{dt}{dy} - \dfrac{\gamma_{-1}}{s}$ 在每一区间 (v_{v-1}, v_v) 中是单调的. 分点 v_v 光是与 α 有关系. 记

$$v_v = \frac{t_n}{t^{(v)}}, \quad y_v = y(t^{(v)}),$$

则

$$y_v = t^{(v)} + \frac{A}{n}\left(\frac{1}{t^{(v)}}\right)^\alpha = t_n\left(\frac{1}{v_v} + \frac{v_v^\alpha}{\alpha}\right) = t_n V_v,$$

V_v 也光是和 α 有关系.

我们现在要处理 $t > t_n$，此时 t 是 y 的增加函数，

$$Y(\alpha) = y_0 > y_1 > \cdots > y_l = \frac{1+\alpha}{\alpha} t_n,$$

$$V_0 > V_1 > \cdots > V_l = \frac{1+\alpha}{\alpha},$$

而函数 $\dfrac{dt}{dy} - \dfrac{\gamma_{-1}}{s}$ 关于 y 在 (y_v, y_{v-1}) 中是单调的. 由第二中值定理，

$$\left|\int_{y_v}^{y_{v-1}}\left(\frac{dt}{dy} - \frac{\gamma_{-1}}{s}\right)_{\sin}^{\cos} ny\, dy\right| \leqslant 2\max\left|\frac{dt}{dy} - \frac{\gamma_{-1}}{s}\right| \cdot \left|\int_{\sin}^{\cos} ny\, dy\right| \leqslant \frac{4k}{n},$$

此地

$$k = \max\left|\frac{dt}{ds} - \frac{\gamma_{-1}}{s}\right| = \max\{|R(v_0)|, \cdots, |R(v_l)|\},\ R(v_l) = R(1) = \gamma_0,$$

光是和 α 有关系. 因此，$|I_{22}| \leqslant 4lkn^{-1}$.

结合 (14) 与 (15)，就得 $|I_2| \leqslant C_2(\alpha, A)n^{-p}$.

补助定理 5　$|I_1| \leqslant C_1(\alpha, A)n^{-p}$.

于 (11) 和 (12)，置 $z = x$，取 $\gamma_{-1} = -\dfrac{1}{\sqrt{1+\alpha}}, t_0 = t_n, z_0 = x(t_n)$，则关系

$$\frac{dt}{dx} = \frac{\gamma_{-1}}{s} + \sum_{v=0}^{\infty} \gamma_v s^v$$

在幂级数的收敛圆中成立(补助定理 3).

不等式

$$\left|\int_{x(t_n)}^{x(\alpha)} {\cos \atop \sin} nx \cdot \frac{\gamma_{-1}}{s} dx\right| \leqslant C_{11}(\alpha, A) n^{-p} \tag{17}$$

的证明，同于(14)，故从略. 所要证明的，是下面的不等式

$$\left|\int_{x(t_n)}^{x(\alpha)} \left(\frac{dt}{dx} - \frac{\gamma_{-1}}{s}\right) {\cos \atop \sin} nxdx\right| \leqslant C_{12}(\alpha) n^{-1}. \tag{18}$$

此时 $\upsilon > 1$，而

$$\frac{dt}{dx} - \frac{\gamma_{-1}}{s} = \frac{1}{1 - \upsilon^{1+\alpha}} + \sqrt{\frac{\alpha}{(2+2\alpha)(\alpha\upsilon^{-1} + \upsilon^\alpha - 1 - \alpha)}} = L(\upsilon).$$

因此，

$$L'(\upsilon) = \frac{(1+\alpha)\upsilon^\alpha}{(1-\upsilon^{1+\alpha})^2} + \sqrt{\frac{\alpha}{2+2\alpha}} \cdot \frac{\alpha\upsilon^{-2} - \alpha\upsilon^{\alpha-1}}{2(\alpha\upsilon^{-1} + \upsilon^\alpha - 1 - \alpha)^{3/2}}$$

它的符号同于(16). 当 $\upsilon \to \infty$ 时，(16)的主项是

$$-\frac{\alpha}{2}(1+\alpha)^{-1/3} \upsilon^{2+2a}.$$

因此，存在着正数 $x(\alpha)$，当 $x > x(\alpha)$ 时，$\frac{d}{dx}\left(\frac{dt}{dx} - \frac{\gamma_{-1}}{s}\right) < 0$. 设

$$u_0, u_1, \cdots, u_\lambda$$

是 $L'(\upsilon)$ 的零点，在区间 $(u_{\upsilon-1}, u_\upsilon)$ 中，函数 $L(\upsilon)$ 是单调的. 置

$$u_0\tau_\upsilon = t_n, \quad \tau_\upsilon + \frac{A}{n\tau_\upsilon^\alpha} = x_\upsilon,$$

且设

$$x(t_n) = x_0 < x_1 < \cdots < x_{\lambda-1} = x(\alpha),$$

则一切比值

$$\frac{x_v}{u_v} = \frac{1}{u_v} + \frac{1}{\alpha} u_v^\alpha$$

仅与 α 有关系.

设 $\kappa = \max\limits_{v \geqslant 1} |L(v)|$，则得

$$\left| \int_{x_{v-1}}^{x_v} \left(\frac{dt}{dx} - \frac{\gamma_{-1}}{s} \right) \frac{\cos}{\sin} nx\, dx \right| \leqslant \frac{4x}{n}.$$

取 $C_{12}(\alpha) = 4\kappa\lambda$，即得(18). 两关系(17)和(18)证明了补助定理5.

补助定理 1 的证明 由补助定理4与补助定理5，得

$$| I_1 + I_2 | \leqslant (C_1(\alpha,A) + C_2(\alpha,A)) n^{-p}.$$

故由(7)得(5). 补助定理1证毕.

补助定理 6 若 $0 \leqslant a < b, \alpha > 0, A > 0$，则

$$\left| \int_a^b \frac{\cos}{\sin} \left(nt - \frac{A}{t^\alpha} \right) dt \right| < \frac{2}{n}. \tag{19}$$

事实上，当 $t > 0$ 时，方程 $w = t - \dfrac{A}{nt^\alpha}$ 定义着 w 的函数 $t = t(w)$，置

$$w_a = a - \frac{A}{na^a}, \qquad w_b = b - \frac{A}{nb^a},$$

则

$$I = \int_a^b \frac{\cos}{\sin} \left(nt - \frac{A}{t^\alpha} \right) dt = \int_{w_a}^{w_b} \frac{\cos}{\sin} nw \frac{dt}{dw}\, dw.$$

由于

$$\frac{dt}{dw} = \left(1 + \frac{\alpha A}{nt^{1+\alpha}} \right)^{-1} > 0, \quad \frac{d^2 t}{dw^2} = \left(1 + \frac{\alpha A}{nt^{1+\alpha}} \right)^{-2} \frac{\alpha(1+\alpha)A}{nt^{2+\alpha}} \frac{dt}{dw} > 0,$$

应用第二中值定理，得

$$I = \left(1 + \frac{\alpha}{n} \frac{A}{b^{1+\alpha}} \right)^{-1} \int \frac{\cos}{\sin} nw\, dw,$$

其绝对值小于 $\dfrac{2}{n}$. 补助定理 6 证毕.

基本定理的证明 若 $t + \dfrac{A}{nt^\alpha} = x, t < t_n$ ，则置 $v = \dfrac{t_n}{t}$ 时，

$$\frac{d}{dx}\frac{1}{\alpha t + t - \alpha x} = (\alpha t + t - \alpha x)^{-2}\left(\alpha + \frac{1+\alpha}{v^{1+\alpha} - 1}\right) > 0.$$

应用第二中值定理，

$$I'_n = \int_0^{t_n/2}\frac{\cos}{\sin}\left(nt + \frac{A}{t^\alpha}\right)\frac{dt}{t} = \int_X^\infty\frac{\cos}{\sin}nx\frac{dx}{t + \alpha t - \alpha x}$$

$$= \left[\frac{1}{t + \alpha t - \alpha x}\right]_{x=X}\cdot\int\frac{\cos}{\sin}nxdx,$$

式中 $X = \left[t + \dfrac{A}{nt^\alpha}\right]_{t=\frac{1}{2}t_n} = \dfrac{1}{2}t_n + \dfrac{2^\alpha}{\alpha}t_n$ ，因此

$$|I'_n| < \left[-\frac{2}{n}(t + \alpha t - \alpha x)^{-1}\right]_{x=X} = \frac{2}{n}\left[\frac{1}{tv^{\alpha+1} - t}\right]_{t=t_n/2} = O\left(n^{-\frac{\alpha}{1+\alpha}}\right). \tag{20}$$

再用中值定理，

$$I''_n = \int_{t_n/2}^b\frac{\cos}{\sin}\left(nt + \frac{A}{t^\alpha}\right)\frac{dt}{t} = \frac{2}{t_n}\int_{t_n/2}^{b'}\frac{\cos}{\sin}\left(nt + \frac{A}{t^\alpha}\right)dt,$$

其中 $\dfrac{1}{2}t_n < b' < b$. 由补助定理 1,

$$I''_n = O\left(n^{\frac{1}{1+a} - \frac{2+\alpha}{2+2\alpha}}\right) = O\left(n^{-\frac{\alpha}{2+2\alpha}}\right). \tag{21}$$

结合(20)与(21)，得

$$\int_0^b\frac{\cos}{\sin}\left(nt + \frac{A}{t^\alpha}\right)\frac{dt}{t} = O\left(n^{-\frac{\alpha}{2+2\alpha}}\right). \tag{22}$$

利用补助定理 6，我们可以证明

$$\int_0^b \frac{\cos}{\sin}\left(nt + \frac{A}{t^\alpha}\right)\frac{dt}{t} = O\left(n^{-\frac{1}{1+\alpha}}\right). \tag{23}$$

事实上，置

$$w = t - \frac{A}{nt^\alpha}, \quad t_n = \left(\frac{\alpha A}{n}\right)^{\frac{1}{1+\alpha}}, \quad \frac{t_n}{t} = v,$$

则得

$$\frac{dt}{dw} = \frac{1}{1+v^{1+\alpha}},$$

$$\frac{d}{dw}\left\{\frac{1}{t}\frac{dt}{dw}\right\} = \frac{dt}{dw}\frac{\alpha v^{1+\alpha}-1}{(t+tv^{1+\alpha})^2}.$$

最后的式子，当 $v = \alpha^{-\frac{1}{1+\alpha}}$ 时，其值等于 0，写

$$w_0 = t_n\left(\alpha^{\frac{1}{1+\alpha}} - \alpha^{-\frac{1+2\alpha}{1+\alpha}}\right), \quad T_n = \alpha^{\frac{1}{1+\alpha}}t_n,$$

则得

$$\int_0^{T_n} \frac{\cos}{\sin}\left(nt - \frac{A}{t^\alpha}\right)\frac{dt}{t} = \int_{-\infty}^{w_0} \frac{\cos}{\sin} nw \frac{dw}{t+tv^{1+\alpha}} = \left[\frac{1}{t+tv^{1+\alpha}}\right]_{w=w_0} \int \frac{\cos}{\sin} nw\, dw$$

$$= O\left(\frac{1}{nt_n}\right) = O\left(n^{-\frac{\alpha}{1+\alpha}}\right). \tag{24}$$

应用补助定理 6 于积分 $\int_{T_n}^b \cdots dt$，则得

$$\int_{T_n}^b \frac{\cos}{\sin}\left(nt - \frac{A}{t^\alpha}\right)\frac{dt}{t} = \frac{1}{T_n}\int_{T_n}^T \frac{\cos}{\sin}\left(nt - \frac{A}{t^\alpha}\right)dt = O\left(n^{-\frac{\alpha}{1+\alpha}}\right), \tag{25}$$

其中 $T_n < T < b$.

结合(24)与(25)，建立着(23).

注意到(22)和(23)中的 $O(\cdots)$ 关于 b 是均匀的成立的，就明白(4)是真理.

酋劲(Gergen)的收敛判定条件并不含有定理 1　酋劲的收敛判定法，是勒贝

格定理的拓广, 但是不包含定理 1. 要证明此事实, 证明

$$\lim_{k\to\infty} \overline{\lim_{x\to+0}} J(x,k) > 0 \tag{26}$$

就够了, 但

$$J(x,k) = \int_{kz}^{\pi} \left| \cos\frac{1}{t+x} - \cos\frac{1}{t} \right| \frac{dt}{t}.$$

于此, 置 $t = \xi^{-1}$, 则得

$$J(x,k) = \int_{1/\pi}^{1/kx} \left| \cos\frac{\xi}{1+x\xi} - \cos\xi \right| \frac{d\xi}{\xi} > \int_{\frac{1}{\sqrt{x}}}^{\frac{2}{\sqrt{x}}} \left| \cos\frac{\xi}{1+x\xi} - \cos\xi \right| \frac{d\xi}{\xi},$$

但 $x < \dfrac{1}{4k^2}, k > 1$. 最后的积分等于

$$2\int_{\frac{1}{\sqrt{x}}}^{\frac{2}{\sqrt{x}}} \left| \sin\frac{2\xi + x\xi^2}{2 + 2x\xi} \sin\frac{x\xi^2}{2x\xi + 2} \right| \frac{d\xi}{\xi}.$$

在区间 $\dfrac{1}{\sqrt{x}} \leqslant \xi \leqslant \dfrac{2}{\sqrt{x}}$ 中, 函数 $\sin\dfrac{x\xi^2}{2 + 2\sqrt{x}\xi}$ 的最小值是 $\sin\dfrac{1}{2 + 2\sqrt{x}}$. 因此

$$J(x,k) > 2\sin\frac{1}{2 + 2\sqrt{x}} \int_{\frac{1}{\sqrt{x}}}^{\frac{2}{\sqrt{x}}} \left| \sin\frac{2\xi + x\xi^2}{2 + 2x\xi} \right| \frac{d\xi}{\xi}.$$

将函数 $w = (2\xi + x\xi^2) \div (2 + 2x\xi)$ 取对数, 然后微分, 则得

$$\frac{d\xi}{\xi} = \frac{dw}{w} + \frac{xd\xi}{(1+x\xi)(2+x\xi)}.$$

所以

$$J(x,k) > 2\sin\frac{1}{2 + 2\sqrt{x}} \int_{w_1}^{w_2} \frac{|\sin w|}{w} dw,$$

$$w_1 = \frac{2 + \sqrt{x}}{2x + 2\sqrt{x}} < \frac{1}{\sqrt{x}}, \quad w_2 = \frac{2 + 2\sqrt{x}}{2x + \sqrt{x}} > \frac{4}{3\sqrt{2}} \quad (x < 1).$$

因此

$$J(x,k) > 2\sin\frac{1}{2+2\sqrt{x}}\int_{\frac{1}{\sqrt{x}}}^{\frac{4}{3\sqrt{x}}}\frac{|\sin w|}{w}dw.$$

由于

$$\lim_{x\to 0}\int_{\frac{1}{\sqrt{x}}}^{\frac{2}{\sqrt{x}}}\frac{|\sin w|}{w}dw > 0,$$

所以(26)成立.

绝对值不可以积分的函数，其傅里叶系数可以为 $O(n^{-\delta}),\delta > 0$.

基本定理的第二个应用是从

$$n^{\frac{\alpha}{2+2\alpha}}\int_0^{2\pi}x^{-1}\cos x^{-\alpha}\cos nx dx = O(1), \quad n^{\frac{\alpha}{2+2\alpha}}\int_0^{2\pi}x^{-1}\cos x^{-\alpha}\sin nx dx = O(1), \quad (27)$$

我们可以得到下面的定理.

定理 2　对应于 $\delta < \dfrac{1}{2}$，存在着如下的初等函数 $f(x)$：

(i) $f(x)$ 在区间 $(\varepsilon,2\pi)$ 中是全连续的，$0 < \varepsilon < 2\pi$；

(ii)极限 $\displaystyle\lim_{\varepsilon\to 0}\int_\varepsilon^{2\pi} f(x)dx$ 是存在的；

(iii) $\displaystyle\int_0^{2\pi}|f(x)|dx = \infty$；

(iv) $n^\delta\displaystyle\int_0^{2\pi}f(x)\cos nx dx = o(1), \quad n^\delta\int_0^{2\pi}f(x)\sin nx dx = o(1).$

事实上，取 $\alpha > \dfrac{2\delta}{1-2\delta}$，那么函数

$$f(x) = \frac{1}{x}\cos\frac{1}{x^\alpha},$$

这适合(i)，(ii)，(iii)，(iv). 条件(iv)是(27)的结果.

哈代与李特尔伍德曾经证明级数

$$\sum n^{-\delta}{\cos\atop\sin}(n^2\pi x) \quad \left(0 < \delta \leqslant \frac{1}{2}\right)$$

不是傅里叶级数，因为当 x 为无理数时，级数不能用切萨罗平均法求和. 证明是

用了 θ 函数的理论[1]，其系数是 $O\left(n^{-\frac{1}{2}\delta}\right)$.

蒂奇马什(Titchmarsh)曾用初等的方法[2]，作成如下的奇函数：

(1) $\displaystyle\int_\eta^\pi |f(t)| dt < \infty, 0 < \eta < \pi; \int_0^\pi |f(t)| dt = \infty;$

(2) $\displaystyle b_n = \frac{2}{\pi}\int_{+0}^\pi f(t)\sin nt dt \quad (n = 1, 2, \cdots);$

(3) $\displaystyle\sum |b_n|^{2+\varepsilon} < \infty, \varepsilon > 0.$

但是 $f(t)$ 并非初函数，且不满足(i)与(iv).

2.3 共轭级数的收敛

25. 对应傅里叶级数的勒贝格判定法，在傅里叶级数的共轭级数，有米士拉(Misra)的收敛判定法[3]. 设

$$\sum_{n=1}^\infty (a_n \sin nx - b_n \cos nx) \tag{1}$$

是 $f(x)$ 的傅里叶级数的共轭级数，但 $f(x + 2\pi) = f(x) \in L(0, 2\pi)$. 置

$$\psi(t) = f(x + t) - f(x - t).$$

假设积分

$$\frac{1}{2\pi}\int_{+0}^\pi \psi(t)\cos\frac{1}{2}t dt \tag{2}$$

依柯西的意义是存在的. 米士拉的定理可述如下：若

$$\lim_{\varepsilon\to+0}\int_\varepsilon^\pi \left|\Delta_\varepsilon \frac{\psi(t)}{t}\right| dt = 0, \tag{3}$$

则(1)收敛，但 $\Delta_{\varepsilon g}(t) = g(t + \varepsilon) - g(t)$. 米士拉的条件可以分解为下面一对的关系：

$$\int_0^t |\psi(t)| dt = o(t), \quad \lim_{\varepsilon\to+0}\int_\varepsilon^\pi \left|\frac{\Delta_\varepsilon \psi(t)}{t}\right| dt = 0. \tag{4}$$

---

[1] Hardy-Littlewood [6].

[2] Titchmarsh [1].

[3] Misra [1].

这一对的条件(4)含有下面的关系：

$$\sum_{v=1}^{n}(a_v \sin vx - b_v \cos vx) + \frac{1}{2\pi}\int_{\frac{\pi}{n}}^{\pi}\psi(t)\cot\frac{t}{2}dt = o(1).$$

证明可以参阅齐革蒙特的三角级数(1935)的 2.74.

本节之目的是要把米士拉和齐革蒙特的判定法拓广为如下的形式：

定理　若

$$\Psi(t) = \int_0^t \psi(t)dt = o(t) \tag{5}$$

且

$$\lim_{H\to\infty}\overline{\lim_{\varepsilon\to+0}}\int_{H^\varepsilon}^{\pi}\frac{|\Delta_\varepsilon\psi(t)|}{t}dt = 0, \tag{6}$$

则共轭级数(1)收敛的充要条件是积分(2)依柯西意义存在[①].

此定理对应于傅里叶的酋劲判定法[②].

置 $\eta n = \pi$ ，则

$$2\pi\sum_{v=1}^{n-1}(a_v\sin vx - b_v\cos vx) + \pi(a_n\sin nx - b_n\cos nx) + \int_{\eta}^{\pi}\psi(t)\cot\frac{t}{2}dt$$

$$= -\int_0^\eta \psi(t)(1-\cos nt)\cot\frac{t}{2}dt + \int_\eta^\pi \psi(t)\cot\frac{t}{2}\cos nt\, dt = J_1 + J_2.$$

证明 $J_1 + J_2 = o(1)$ 好了. 事实上，当 $\dfrac{\pi}{n+1} < h < \dfrac{\pi}{n} = \eta$ 时，由第二中值定理得

$$\int_h^\eta \psi(t)\cot\frac{t}{2}dt = \cot\frac{h}{2}\int_h^{h'}\psi(t)dt = h'\cot\frac{h}{2}\cdot\frac{\psi(h')-\varphi(h)}{h'}.$$

因 $\dfrac{\pi}{n+1} < h' < \dfrac{\pi}{n}$ ，故 $h'\cot\dfrac{h}{2} \to 2$. 因之上式为 $o(1)$.

当 t 从 0 增至 π 时，函数 $t\cot\dfrac{t}{2}$ 从 2 减少至 0. 因此有正数 $\delta(<\eta)$ 适合

$$J_1 = \int_0^\eta t\cot\frac{t}{2}\psi(t)(1-\cos nt)t^{-1}dt = 2\int_0^\delta \psi(t)(1-\cos nt)t^{-1}dt.$$

---

① K. K. Chen [10].

② Gergen [1].

由分离积分法,

$$J_1 = \left[2\Psi(t) \frac{1-\cos nt}{t} \right]_0^\delta - 2\int_0^\delta t \left[\frac{\Psi(t)}{t} \right] \frac{d}{dt} \frac{1-\cos nt}{t} dt.$$

因 $\delta = o(1)$ ，故右方第一项是 $o(1)$. 因此，写

$$M(\eta) = \max_{0 < t \leqslant \eta} \left| \frac{\Psi(t)}{t} \right|$$

的话，记着 $n\delta < n\eta = \pi$ ，就得到

$$|J_1| \leqslant 2\pi M(\eta) \int_0^\pi \left| \frac{d}{dt} \frac{1-\cos t}{t} \right| dt + o(1) = o(1).$$

要证 $J_2 = o(1)$ ，首先证明下面的事实：设 H 是与 n 没有关系的数，那么积分

$$J(H) = \int_\eta^{H\eta} \psi(t) \cot \frac{t}{2} \cos nt\, dt$$

当 $n \to \infty$ 时趋近于 0，但 $H > 1, n\eta = \pi$. 由分离积分法，

$$J(H) = \left[\Psi(t) \cot \frac{t}{2} \cos nt \right]_\eta^{H\eta} + \int_\eta^{H\eta} \Psi(t) \left[n \cot \frac{t}{2} \sin nt + \frac{1}{2} \cos nt \csc^2 \frac{t}{2} \right] dt.$$

由(5)，

$$|J(H)| \leqslant o(1) + M(H\eta) \int_\eta^{H\eta} \left(nt \cot \frac{t}{2} + \frac{t}{2} \csc^2 \frac{t}{2} \right) dt$$

$$\leqslant o(1) + M(H\eta) \int_\eta^{H\eta} \left(2n + \frac{8}{t} \right) dt = o(1).$$

现在证明 $J_2 = o(1)$. 由于 $J(H) = o(1)$ 及

$$\int_\pi^{\pi + \upsilon\eta} \psi(t) \cot \frac{t}{2} \cos nt\, dt = o(1), \quad \upsilon = 1, 2.$$

所以

$$4J_2 = 4\int_\eta^\pi \psi(t) \cot \frac{t}{2} \cos nt\, dt$$

$$= \left\{ \int_{H\eta}^\pi + 2\int_{(H+1)\eta}^{\pi+\eta} + \int_{(H+2)\eta}^{\pi+2\eta} \right\} \varphi(t) \cot \frac{t}{2} \cos nt\, dt + o(1).$$

由黎曼-勒贝格的定理，上式中的 $\cot\dfrac{t}{2}$ 可用 $\dfrac{2}{t}$ 代替. 事实上，

$$\cot\frac{1}{2}t - \frac{2}{t} = O(t), \quad 0 < t < \frac{3\pi}{2}.$$

因此，

$$2J_2 = \left\{\int_{H\eta}^{\pi} + 2\int_{(H+1)\eta}^{\pi+\eta} + \int_{(H+2)\eta}^{\pi+2\eta}\right\}\frac{\psi(t)}{t}\cos nt\,dt + o(1)$$

$$= \int_{H\eta}^{\pi}\left(\frac{\Delta_\eta\psi(t+\eta)}{t+2\eta} - \frac{\Delta_\eta\psi(t)}{t}\right)\cos nt\,dt + 2R + o(1),$$

但其中

$$2R = \int_{H\eta}^{\pi}\psi(t+\eta)\left(\frac{1}{t} + \frac{1}{t+2\eta} - \frac{2}{t+\eta}\right)\cos nt\,dt.$$

而 $2J_2 - 2R$ 的绝对值不大于

$$2\int_{H\eta}^{\pi}\left|\frac{\Delta_\eta\psi(t)}{t}\right|dt + \int_{\pi}^{\pi+\eta}\left|\frac{\Delta_\eta\psi(t)}{t}\right|dt + o(1),$$

此式在 $\varlimsup_{H\to\infty}\varlimsup_{\eta\to0}$ 的运算下是 0.

现在证明 $\varlimsup_{H\to\infty}\varlimsup_{\eta\to0}|R| = 0$.

$$R = \int_{H\eta}^{\pi}\eta^2\psi(t+\eta)\frac{\cos nt}{t(t+\eta)(t+2\eta)}dt$$

$$= \left[\frac{\eta^2\Psi(t+\eta)\cos nt}{t(t+\eta)(t+2\eta)}\right]_{H\eta}^{\eta} + \int_{H\eta}^{\pi}\frac{n\eta^2\Psi(t+\eta)\sin nt}{t(t+\eta)(t+2\eta)}dt$$

$$- \int_{H\eta}^{\pi}\Psi(t+\eta)\cos nt\,\frac{\partial}{\partial t}\frac{\eta^2}{t(t+\eta)(t+2\eta)}dt.$$

其第一项是

$$o(1) + o\left(\frac{\eta^2}{H\eta(H\eta+2\eta)}\right) = o(1).$$

记着 $n\eta = \pi$，则知

$$\int_{H\eta}^{\pi} \frac{n\eta^2 \varPsi(t+\eta)\sin nt}{t(t+\eta)(t+2\eta)}dt = o(1) + o\left(\int_{H\eta}^{\eta} \frac{2\eta dt}{t(t+2\eta)}\right)$$

$$\leqslant o\left(\left[\log \frac{t}{t+2\eta}\right]_{H\eta}^{\eta}\right) = o\left(\log \frac{H+2}{H}\right) = o(1).$$

最后，当 $t > \eta$ 时，

$$\frac{\partial}{\partial t} \frac{\eta^2}{t(t+\eta)(t+2\eta)} = -\frac{3\eta^2}{t^2(t+2\eta)^2} + \frac{\eta^4}{t^2(t+\eta)^2(t+2\eta)^2} = O\left(\frac{\eta}{t(t+\eta)}\right).$$

因此，当 $H \to \infty$ 时，

$$\int_{H\eta}^{\pi} \varPsi(t+\eta)\cos nt \frac{\partial}{\partial t} \frac{\eta^2}{t(t+\eta)(t+2\eta)}dt = O\left(\int_{H\eta}^{\pi} \frac{\eta dt}{t(t+\eta)}\right)$$

$$= O\left(\log \frac{H+1}{H}\right) = o(1).$$

定理证毕.

2.4 利普希茨函数的傅里叶级数之切萨罗求和[①]

26. 下面三个定理，是关于傅里叶级数的切萨罗求和，因为它们与 $|C,\alpha|$ 求和有关系，所以详细的证明移入第 5 章.

定理 1 假如 $f(x)$ 是 Lip$k$ 族——有常数 C 适合

$$|f(x) - f(x')| \leqslant C |x - x'|^k$$

的 $f(x)$ 是 Lip k 中函数——中之有界变差函数，则当

$$\beta > -\frac{1}{2}k - \frac{1}{2}, \quad 0 < k < 1$$

时，$f(x)$ 的傅里叶级数可用 (C,β) 求和法求和. 这就是说：极限

$$\lim_{n\to\infty} \frac{1}{(\beta)_n} \sum_{v=0}^{n} (\beta-1)_v A_{n-v}(x)$$

---

① K. K. Chen [11].

存在, 但 $f(x) \sim \dfrac{1}{2}A_0 + \sum\limits_1^\infty A_n, A_n = A_n(x) = a_n\cos nx + b_n\sin nx$.

定理 2　固定 x, 记函数 $\dfrac{1}{2}(f(x+t)+f(x-t))$ 的共轭函数为 $\psi(t)$. 假设

$$p > 1, \quad 0 < k < 1, \quad q + pk > 1,$$

当 $h \to +0$ 时, 条件

$$\int_{-\pi}^{\pi} |\psi(t+h) - \psi(t-h)|^p t^{-q} dt = O(h^{pk}) \tag{1}$$

成立. 则当 $\beta > -k$ 时, $f(x)$ 的傅里叶级数在点 x 可用 (C,β) 求和法求和.

定理 3　设 $1 \leqslant p_1 \leqslant 2 \leqslant p_2, 0 < k_1 \leqslant 1, 0 < k_2 \leqslant 1$, 且

$$1 \leqslant \min(k_1 p_1, k_2 p_2) < \max(k_1 p_1, k_2 p_2).$$

又设条件

$$\int_{-\pi}^{\pi} |f(x+h) - f(x-h)|^p \, dx = O(h^{pk})$$

对于 $p = p_j, k = k_j (j = 1, 2)$ 成立. 那么, 当

$$\beta > -\frac{k_1 p_1 (p_2 - 2) + k_2 p_2 (2 - p_1)}{2(p_2 - p_1)}$$

时, $f(x)$ 的傅里叶级数可 (C,β) 求和法求和.

2.5　傅里叶级数之导级数的求和

27. 设 $f(x)$ 是 $L(0, 2\pi)$ 中的函数, $f(x+2\pi) \equiv f(x)$. $f(x)$ 的傅里叶级数是

$$f(x) \sim \frac{1}{2\pi}\int_{-\pi}^{\pi} f(t)dt + \sum_{n=1}^{\infty} \frac{1}{\pi}\int_{-\pi}^{\pi} f(t)\cos n(t-x)dt. \tag{1}$$

级数 (1) 的导级数是

$$\sum_{n=1}^{\infty} n\int_{-\pi}^{\pi} f(t)\sin n(t-x)dt. \tag{2}$$

当条件 $\lim\limits_{t\to 0}(f(x+t) + f(x-t) - 2A) = 0$ 成立时, (1) 可用任何正阶 δ 的切萨罗求和法

(C, δ) 求其和；此所设条件又可改进为勒贝格条件

$$\int_0^t |f(x+t) + f(x-t) - 2A| \, dt = o(t).$$

这些都是众所周知的事. 下述定理, 是普里瓦洛夫(Привадов)[1]所首先证明的. 若条件

$$\frac{f(x+t) - f(x-t)}{t} - 2A' = o(1) \quad (t \to 0) \tag{3}$$

在点 x 成立, 则当 $k > 1$ 时, 导级数(2)可用 (C, k) 平均法求和, 和为 A'. 那么把(3)改进为

$$\frac{1}{t} \int_0^t \left| \frac{f(x+t) - f(x-t)}{t} - 2A' \right| dt = o(1) \tag{4}$$

是所期待的事. 我们证明下面的

定理[2]　若条件(4)在点 x 成立, 则导级数可用 (C, k) 求和法求和, 和为 A'. 但 $k > 1$.

首先把记号再说明一下. 设 $\sum u_n$ 是一级数, 此级数的第 n 平均数——k 阶的——是

$$\sigma_n^k = \frac{A_n^{(k)} u_n + A_{n-1}^{(k)} u_1 + \cdots + A_0^{(k)} u_n}{A_n^{(k)}} = \frac{S_n^{(k)}}{A_n^{(k)}},$$

但 $\sum\limits_{n=0}^{\infty} S_n^{(k)} z^n = (1-z)^{-1-k} \sum\limits_{n=0}^{\infty} u_n z^n$, $\sum\limits_{n=0}^{\infty} A_n^{(k)} z^n = (1-z)^{-1-k}$, 为明确起见, 写

$$S_n^{(k)} = S_n^{(k)}\left(\sum u_n\right), \quad \sigma_n^{(k)} = \sigma_n^{(k)}\left(\sum u_n\right).$$

级数(2)可以写作

$$\sum_{n=1}^{\infty} \frac{n^l}{\pi} \int_0^{\pi} \{f(x+t) - f(x-t)\} \sin ntdt.$$

因此,

---

① Priwaloff [1].

② K. K. Chen [12].

$$S_n^{(k)}\left(\sum \frac{n}{\pi}\int_{-\pi}^{\pi} f(t)\sin n(t-x)dt\right) = S_n^{(k)}\left(\sum \frac{n}{\pi}\int_0^{\pi}\{f(x+t)-f(x-t)\}\sin ntdt\right)$$

$$= \frac{1}{\pi}\int_0^{\pi}\{f(x+t)-f(x-t)\}S_n^{(k)}\left(\sum n\sin nt\right)dt.$$

下面的关系式是有用处的:

$$\int_0^{\pi} tS_n^{(k)}\left(\sum n\sin nt\right)dt \sim \frac{\pi}{2}A_n^{(k)}. \tag{5}$$

此可用分离积分法证明:

$$\int_0^{\pi} tS_n^{(k)}\left(\sum n\sin nt\right)dt$$

$$= \pi\int_0^{\pi} S_n^{(k)}\left(\sum n\sin nt\right)dt - \int_0^{\pi}\int_0^t S_n^{(k)}\left(\sum n\sin nt\right)dt$$

$$= \pi\left[A_n^{(k)}\cdot 2 + A_{n-1}^{(k)}\cdot 0 + \cdots + A_0^{(k)}((-1)^{n+1}+1)\right] - \pi(A_n^{(k)}+\cdots+A_0^{(k)})$$

$$= \pi\left(A_n^{(k)} - A_{n-1}^{(k)} + \cdots + (-1)^{n+1}A_0^{(k)}\right).$$

因 $\sigma_n^{(k)}\left(\sum_0^{\infty}(-1)^n\right) \to \frac{1}{2}(k \geqslant 1)$,故得(5). 由(5),得

$$\sigma_n^{(k)}\left(\sum \frac{n}{\pi}\int_{-\pi}^{\pi} f(t)\sin n(t-x)dt\right) - A'$$

$$= \frac{1}{\pi}\int_0^{\pi}(f(x+t)-f(x-t)-2A't)S_n^{(k)}\left(\sum n\sin nt\right)dt + o(1). \tag{6}$$

补助定理 设 $k \geqslant 0, 0 < t \leqslant \pi$,则

$$\left|\sigma_n^{(k)}\left(\sum n\sin nt\right)\right| \leqslant C_1\frac{(n+1)^{1-k}}{\left(\sin\frac{t}{2}\right)^{1+k}} + C_2\frac{(n+1)^{-1}}{\left(\sin\frac{t}{2}\right)^3}, \tag{7}$$

$$\left|\sigma_n^{(k)}\left(\sum n\sin nt\right)\right| \leqslant C_3 n^2, \tag{8}$$

其中 C_1, C_2, C_3 都是常数.

要证(7),先注意

$$(1-2\gamma\cos\theta+\gamma^2)^{-\frac{4-2}{2}} = \sum_{n=0}^{\infty}\frac{\sin(n+1)t}{\sin t}\gamma^n,$$

因此，函数列 $\dfrac{\sin(n+1)\theta}{\sin\theta}, n = 0,1,2,\cdots$ 是四维球面 $x_1^2 + x_2^2 + x_3^2 + x_4^2 = 1$ 上的超球面函数[①]. 又因

$$\frac{1-\gamma^2}{(1-2\gamma\cos\theta+\gamma^2)^2} = \sum_{n=0}^{\infty}(n+1)\frac{\sin(n+1)\theta}{\sin\theta}\gamma^n,$$

不等式(7)可由考革贝脱良兹公式[②]导出.

不等式(8)可以建立如下：

$$\left|\sigma_n^{(k)}\left(\sum n\sin nt\right)\right| \leqslant \sigma_n^{(k)}\left(\sum |n\sin nt|\right) \leqslant \sigma_n^{(k)}\left(\sum n\right)$$
$$\leqslant 1+2+\cdots+(n+1) < C_3 n^2, \quad n = 1,2.$$

设 $0 < \varepsilon < 1, k > 1$，则

$$\sigma_n^{(k)}\left(\sum\frac{n}{\pi}\int_{-\pi}^{\pi}f(t)\sin n(t-x)dt\right) - A'$$
$$= \frac{1}{\pi}\int_0^{\varepsilon}[f(x+t)-f(x-t)-2A't]\,\sigma_n^{(k)}\left(\sum n\sin nt\right)dt + o(1).$$

于此，置 $\displaystyle\int_0^{1/n} = I_n, \int_{1/n}^{\varepsilon} = J_n$，则得

$$\sigma_n^{(k)}\left(\sum\frac{n}{\pi}\int_{-\pi}^{\pi}f(t)\sin n(t-x)dt\right) - A' = I_n + J_n + o(1). \tag{9}$$

事实上，

$$\left|\int_{\varepsilon}^{\pi}[f(x+t)-f(x-t)-2A't]\sigma_n^{(k)}\left(\sum n\sin nt\right)dt\right|$$

$$\leqslant \int_{\varepsilon}^{\pi}|f(x+t)-f(x-t)-2A't|\left(C_1\frac{(1+n)^{1-k}}{\left(\sin\dfrac{t}{2}\right)^{1+k}} + C_2\frac{(1+n)^{-1}}{\left(\sin\dfrac{t}{2}\right)^3}\right)dt$$

$$\leqslant \frac{o(1)}{\left(\sin\dfrac{\varepsilon}{2}\right)^{1+k}} + \frac{o(1)}{\left(\sin\dfrac{\varepsilon}{2}\right)^3} = o(1).$$

---

① 参阅 T. Kubota [1].

② 参阅 K. K. Chen [13].

今首先证明 $I_n = o(1)$:

$$| I_n | \leqslant C_3 n^2 \int_0^{1/n} | f(x+t) - f(x-t) - 2A't | dt$$

$$\leqslant C_3 n \int_0^{1/n} \left| \frac{f(x+t) - f(x-t)}{t} - 2A' \right| dt = o(1).$$

其次，估计 J_n . 对于 $\delta > 0$ ，有如下的 ε ：当 $0 \leqslant t \leqslant \varepsilon < \pi$ 时，

$$F(t) = \frac{1}{t} \int_0^t \left| \frac{f(x+t) - f(x-t)}{t} - 2A' \right| dt < \delta.$$

由(7)，得

$$| J_n | \leqslant \frac{C_1}{(1+n)^{k-1}} \int_{1/n}^\varepsilon | f(x+t) - f(x-t) - 2A't | \left(\sin \frac{t}{2} \right)^{-1-k} dt$$

$$+ \frac{C_2}{n+1} \int_{1/n}^\varepsilon \frac{t}{\left(\sin \dfrac{t}{2} \right)^3} \frac{d}{dt} [tF(t)] dt$$

$$= C_1 J_n' + C_2 J_n'' , \tag{10}$$

其中

$$J_n'' \leqslant \frac{C_4}{n+1} \int_{1/n}^\varepsilon t^{-2} \frac{d}{dt} [tF(t)] dt \leqslant \frac{C_4}{(n+1)\varepsilon^2} \int_{1/n}^\varepsilon \frac{d}{dt} [tF(t)] dt + \frac{2C_4}{n+1} \int_{1/n}^\varepsilon \frac{F(t)}{t^2} dt$$

$$\leqslant \frac{C_4 \delta}{(n+1)\varepsilon} + \frac{2C_4 \delta}{n+1} \left(n - \frac{1}{\varepsilon} \right) < 3C_4 \delta \quad \left(n \geqslant \frac{1}{\varepsilon} \right),$$

即

$$| J_n'' | < 3C_4 \delta \quad \left(n \geqslant \frac{1}{\varepsilon} \right). \tag{11}$$

同样，

$$| J_n' | \leqslant \frac{C_5}{(n+1)^{k-1}} \int_{1/n}^\varepsilon \frac{d}{dt} [tF(t)] \frac{dt}{t^k} \leqslant \frac{C_5}{n^{k-1}} \frac{1}{\varepsilon^k} [\varepsilon F(\varepsilon)] + \frac{kC_5}{(n+1)^{k-1}} \int_{1/n}^\varepsilon t^{-k} F(t) dt$$

$$\leqslant C_5 \delta + C_5 \delta (n^{k-1} - \varepsilon^{1-k}) n^{1-k} < C_6 \delta,$$

即

$$|J_n'| < C_6\delta. \tag{12}$$

从(10),(11),(12)得到

$$|J_n| < C_7\delta. \tag{13}$$

结合(9),(13)和 $I_n \leqslant o(1)$ ，得

$$\left|\sigma_n^k\left(\sum \frac{n}{\pi}\int_{-\pi}^{\pi} f(x)\sin n(t-x)dt - A'\right)\right| < C\delta.$$

但 $n > n_0(\delta)$. 定理证毕.

第 3 章 傅里叶级数的绝对收敛

3.1 绝对收敛的三角级数所表示的函数族

28. 设

$$\frac{1}{2}a_0 + \sum_{n=1}^{\infty}(a_n \cos nx + b_n \sin nx) \tag{1}$$

是 L 可积函数 $f(x) \equiv f(x+2\pi)$ 的傅里叶级数，对于(1)的绝对收敛，齐革蒙特[①]给了如下的充足条件：$f(x)$ 是一有界变差的函数而属于 $\mathrm{Lip} k, k > 0$. 在本节，我指出具有绝对收敛的傅里叶级数的函数的特征.

对于 $f(x)$，假如 $L^2(0,2\pi)$ 中有两个周期函数 $f_1(x)$ 和 $f_2(x)$ 适合

$$f(x) = \frac{1}{\pi}\int_{-\pi}^{\pi} f_1(\xi) f_2(x+\xi) d\xi, \tag{2}$$

称 $f(x)$ 是一杨的连续函数，因为具有这种形式的函数是杨[②]首先处理过的. 现在证明下面的定理：

定理[③] 三角级数处处绝对收敛的充要条件是它表示杨连续函数的傅里叶级数.

首先证明条件的必要性. 设(1)是处处绝对收敛的三角级数，置

$$\sqrt{|a_n|} = \alpha_n, \quad \sqrt{|b_n|} = \beta_n,$$

$$m_n = \max(\alpha_n, \beta_n),$$

且定义两数 $a_0', a_1', b_1', \cdots$ 与 $a_0'', a_1'', b_1'', \cdots$ 于下：

$$a_0' \quad a_0'' = a_0,$$

$$a_n' = b_n' = m_n \quad (n = 1, 2, \cdots);$$

---

① Zygmund [3].

② W. H. Young [1].

③ K. K. Chen [14].

当 $m_n \neq 0$ 时，定

$$a_n'' = \frac{1}{2m_n}(a_n - b_n), \quad b_n'' = \frac{1}{2m_n}(a_n + b_n);$$

若 $m_n = 0$，则定 $a_n'' = b_n'' = 0$．由鲁辛(Дизин)之一定理[1]，级数 $\sum(|a_n| + |b_n|)$ 是收敛的．另一方面，

$$\sum\left(a_n'^2 + b_n'^2\right) = 2\sum m_n^2 \leqslant 2\sum\left(\alpha_n^2 + \beta_n^2\right) = 2\sum\left(|a_n| + |b_n|\right),$$

$$\sum\left(a_n''^2 + b_n''^2\right) = \sum_{m_n \neq 0}\left(a_n''^2 + b_n''^2\right) = \sum_{m_n \neq 0}\frac{(a_n + b_n)^2 + (a_n - b_n)^2}{4m_n^2}$$

$$= \frac{1}{2}\sum_{m_n \neq 0}\frac{a_n^2 + b_n^2}{m_n^2} \leqslant \frac{1}{2}\sum\left(|a_n| + |b_n|\right).$$

因此，$\sum(a_n'^2 + b_n'^2)$ 和 $\sum(a_n''^2 + b_n''^2)$ 都是收敛级数．由李斯菲萧的定理 $L^2(0,\pi)$ 中有如下的函数 $f_1(x)$ 和 $f_2(x)$：

$$f_1(x + 2\pi) \equiv f_1(x), \quad f_2(x + 2\pi) \equiv f_2(x),$$

$$\begin{matrix}a_n' \\ b_n'\end{matrix} = \frac{1}{\pi}\int_{-\pi}^{\pi} f_1(x)\begin{matrix}\cos \\ \sin\end{matrix}nx dx, \quad \begin{matrix}a_n'' \\ b_n''\end{matrix} = \frac{1}{\pi}\int_{-\pi}^{\pi} f_2(x)\begin{matrix}\cos \\ \sin\end{matrix}nx dx, \quad n = 0,1,2,\cdots.$$

现在证明(1)是(2)的傅里叶级数．

下面的积分顺序的更变是可能的．

$$\frac{1}{\pi}\int_{-\pi}^{\pi} f(x)\cos nx dx = \frac{1}{\pi^2}\int_{-\pi}^{\pi} f_1(\xi)d\xi\int_{-\pi}^{\pi} f_2(\xi + x)\cos nx dx$$

$$= \frac{1}{\pi^2}\int_{-\pi}^{\pi} f_1(\xi)d\xi\int_{-\pi+\xi}^{\pi+\xi} f_2(x)\cos n(x - \xi)dx$$

$$= \frac{1}{\pi}\int_{-\pi}^{\pi} f_1(\xi)\left[a_n''\cos n\xi + b_n''\sin n\xi\right]d\xi.$$

由是得到

$$\frac{1}{\pi}\int_{-\pi}^{\pi} f(x)\cos nx dx = a_n'a_n'' + b_n'b_n'',$$

同样可得

---

① N. Lusin [1].

$$\frac{1}{\pi}\int_{-\pi}^{\pi} f(x)\sin nx dx = a_n'b_n'' - b_n'a_n'',$$

$$\frac{1}{\pi}\int_{-\pi}^{\pi} f(x)dx = a_0'a_0'' = a_0.$$

当 $m_n \neq 0$ 时，

$$a_n'a_n'' + b_n'b_n'' = m_n(a_n'' + b_n'') = a_n,$$
$$a_n'b_n'' - b_n'a_n'' = m_n(b_n'' - a_n'') = b_n.$$

若 $m_n = 0$，则 $a_n = b_n = 0, a_n' = b_n' = a_n'' = b_n'' = 0$. 因此，

$$a_n'a_n'' + b_n'b_n'' = a_n, \quad a_n'b_n'' - b_n'a_n'' = b_n$$

当 $n > 0$ 时都成立. 所以

$$\frac{1}{\pi}\int_{-\pi}^{\pi} f(x)^{\cos}_{\sin} nx dx = ^{a_n}_{b_n}, \quad n = 0,1,2,\cdots.$$

函数 $f(x)$ 是由(2)决定的，条件的必要性证毕.

其次证明条件的充足性. 设

$$f_1(x + 2\pi) \equiv f_1(x), \quad f_2(x + 2\pi) \equiv f_2(x),$$
$$f_1(x) \in L^2(0, 2\pi), \quad f_2(x) \in L^2(0, 2\pi),$$

由 $f_1(x)$ 和 $f_2(x)$ 定义着函数(2)，$f(x)$. 函数 $f_1(x)$ 的傅里叶系数是

$$^{a_n'}_{b_n'} = \frac{1}{\pi}\int_{-\pi}^{\pi} f_1(\xi)^{\cos}_{\sin} n\xi d\xi, \quad n = 0,1,2,\cdots.$$

固定 x，记函数 $f_2(\xi + x)$ 的傅里叶系数为 $a_0''(x), a_1''(x), b_1''(x), \cdots$，则

$$^{a_n''(x)}_{b_n''(x)} = \frac{1}{\pi}\int_{-\pi}^{\pi} f_2(\xi + x)^{\cos}_{\sin} n\xi d\xi, \quad n = 0,1,2,\cdots.$$

由帕塞瓦尔公式，

$$\frac{1}{\pi}\int_{-\pi}^{\pi} f_1(\xi)f_2(\xi + x)dx = \frac{1}{2}a_0'a_n''(x) + \sum_{n=1}^{\infty}\left(a_n'a_n''(x) + b_n'b_n''(x)\right). \tag{3}$$

这是绝对收敛的级数，因为级数 $\sum(a_n'^2 + b_n'^2)$ 和 $\sum(a_n''^2(x) + b_n''^2(x))$ 都是收敛的. 另一方面，(3)的右方就是 $f(x)$ 的傅里叶级数：

$$\frac{1}{\pi}\int_{-\pi}^{\pi}f(x')dx' = \frac{1}{\pi^2}\int_{-\pi}^{\pi}f_1(\xi)d\xi \cdot \int_{-\pi}^{\pi}f_2(\xi)d\xi$$

$$= \frac{1}{\pi}\int_{-\pi}^{\pi}f_1(\xi)d\xi \cdot \frac{1}{\pi}\int_{-\pi}^{\pi}f_2(x+\xi)d\xi = a_0'a_0''(x),$$

$$\frac{1}{\pi}\int_{-\pi}^{\pi}f(x')\cos nx'dx' \cdot \cos nx + \frac{1}{\pi}\int_{-\pi}^{\pi}f(x')\sin nx'dx' \cdot \sin nx$$

$$= \cos nx\left[\frac{a_n'}{\pi}\int_{-\pi}^{\pi}f_2(\xi)\cos n\xi d\xi + \frac{b_n'}{\pi}\int_{-\pi}^{\pi}f_2(\xi)\sin n\xi d\xi\right]$$

$$- \sin nx\left[\frac{b_n'}{\pi}\int_{-\pi}^{\pi}f_2(\xi)\cos n\xi d\xi - \frac{a_n'}{\pi}\int_{-\pi}^{\pi}f_2(\xi)\sin n\xi d\xi\right]$$

$$= a_n'\frac{1}{\pi}\int_{-\pi}^{\pi}f_2(\xi)\cos n(\xi-x)d\xi + b_n'\frac{1}{\pi}\int_{-\pi}^{\pi}f_2(\xi)\sin n(\xi-x)d\xi$$

$$= a_n' \cdot \frac{1}{\pi}\int_{-\pi}^{\pi}f_2(\xi+x)\cos n\xi d\xi + b_n' \cdot \frac{1}{\pi}\int_{-\pi}^{\pi}f_2(\xi+x)\sin n\xi d\xi$$

$$= a_n'a_n''(x) + b_n'b_n''(x).$$

定理证毕.

3.2 傅里叶级数在一定点的绝对收敛[①]

29. 傅里叶级数在一定点的收敛或发散完全由函数——傅里叶级数所对应的函数——在此点附近的性质决定,所以傅里叶级数的收敛是函数的局部性. 但是,傅里叶级数在一定点的绝对收敛,绝不是函数的局部性,是和函数的全体数值的状况有关系的.

对于级数

$$\frac{1}{2}a_0 + \sum_{n=1}^{\infty}(a_n\cos nx + b_n\sin nx) \tag{1}$$

的绝对收敛, 种种的充足条件是已知的. 其中任一充足条件都含有级数

$$\sum(|a_n| + |b_n|) \tag{2}$$

的收敛. 在前节我们证明: (1)式绝对收敛的充要条件是(1)式为杨连续函数之傅里叶级数.

今设 $h(x) = x^a (0 \leqslant x \leqslant \pi, 0 < a < 1), h(-x) = h(x), h(x+2\pi) = h(x)$, 置

---

① K. K. Chen [15].

$$g(x) = \sum_{n=1}^{\infty} \frac{\sin nx}{n}, \quad h(x) + g(x) = f(x).$$

设 $f(x)$ 的傅里叶级数是 (1)，则 $b_n = \dfrac{1}{n}$．易证 $a_n = O(n^{-1-a})$．因此，在 $x = 0$，(1) 是绝对收敛的，(2) 是发散的．这个现象是为下面的定理所支配．

定理 1   设 $\phi(t) = \dfrac{1}{2}\{f(x+t) + f(x-t)\}, 0 < p < 1$．在区间 $(0, \pi)$ 中，假如

$$\frac{d}{dt} \int_0^t \frac{u^p \phi(u)}{(t-u)^p} du \tag{3}$$

是有界变差，那么 f 的傅里叶级数在点 x 绝对收敛．

事实上，对于上面的例，$\phi(t) = t^a$，导函数 (3) 是 t^a 的常数倍，在 $(0, \pi)$ 中是有界变差．

要证明定理 1，首先建立几个补助定理．

假设 $0 < \alpha < 1, x \geqslant 0$．假如函数 $h(t)$ 从 0 到 x 的 $1 - \alpha$ 次积分

$$(h(x))_{1-\alpha} = \frac{1}{\Gamma(1-\alpha)} \int_0^x (x-t)^{-\alpha} h(t) dt$$

在点 x 具有导数

$$\frac{d}{dx} (h(x))_{1-\alpha},$$

那么，定义

$$(h(x))_{-\alpha} = \frac{d}{dx} (h(x))_{1-\alpha}.$$

补助定理 1   假如在 $(0, X)$ 中，$(h(x))_{1-\alpha}(0 < \alpha < 1)$ 的导函数是有界的，则 $(h(x))_\alpha$ 等价于 $\mathrm{Lip}\,\alpha$ 中之一函数，且等式

$$h(x) = ((h(x))_{-\alpha})_\alpha$$

在 $0 \leqslant x \leqslant X$ 中几乎处处成立．

证明   写

$$\frac{d}{dx} (h(x))_{1-\alpha} = g(x), \quad \max_{0 \leqslant x \leqslant X} | g(x) |= A.$$

若 $0 \leqslant x < x' \leqslant X$ ，则因

$$\left|(h(x))_{1-\alpha} - (h(x'))_{1-\alpha}\right| \leqslant A(x'-x),$$

$(h(x))_{1-\alpha}$ 是一全连续函数.

因 $g(t)$ 是有界，所以 $(g(t))_\alpha$ 是连续的[1]. 记 $0 < \alpha < 1$ ，则得

$$(h(x))_{1-\alpha} = \int_0^x g(t)dt = ((g(x))_a)_{1-\alpha}.$$

由是可知 $h(x)$ 与 $(g(x))_\alpha$ 是同等的. 因之 $h(x)$ 属于任何 $L^p(0, X)$ ，但 $p > 1$. 另一方面，哈代和李特尔伍德证明：当

$$h(x) \in L^p(0, X), \qquad p \geqslant 1, 0 < \alpha < 1$$

时，

$$\left[\int_0^X \left|(h(x))_\alpha - (h(x-\delta))_\alpha\right|^p dx\right]^{1/p} = o(\delta^\alpha) \quad (\delta \to 0)\,[2].$$

从这个定理，我们可以导出 $(h(x))_\alpha \in \mathrm{Lip}\alpha$. 但是这个关系可以直接证明，事实上，

$$\Gamma(\alpha)\left\{(h(x'))_\alpha - (h(x))_\alpha\right\} = \int_0^x \left\{(x'-t)^{\alpha-1} - (x-t)^{\alpha-1}\right\}h(t)dt$$
$$+ \int_0^{x'} (x'-t)^{\alpha-1} h(t)dt,$$

我们不妨假设 $h(x)$ 是一连续函数. 因此有常数 M 适合

$$|h(t)| \leqslant M\Gamma(\alpha+1) \quad (0 \leqslant t \leqslant X).$$

若 $x' > x$ ，则由前式得到

$$\left|(h(x'))_\alpha - (h(x))_\alpha\right| \leqslant \alpha M \int_0^x \left\{(x-t)^{\alpha-1} - (x'-t)^{\alpha-1}\right\}dt + M(x'-x)^\alpha$$
$$= M(x'^\alpha - x^\alpha) + 2M(x'-x)^\alpha \leqslant 3M(x'-x)^\alpha.$$

所以 $(h(x))_\alpha \in \mathrm{Lip}\alpha$.

最后，由定义，$(h(x))_{-\alpha} = g(x)$. 所以 $((h(x))_{-\alpha})_\alpha = g(x)$. 但是 $(g(x))_\alpha$ 等价于 $h(x)$ ，因此证明完毕.

---

[1] Hardy [1].

[2] Hardy-Littlewood [7].

补助定理 2   设 $q+1 > \alpha > 0, \alpha < 1, 0 < \omega \leqslant \pi$，

$$Z(w) = \int_0^w u^{q-\alpha} \int_u^\pi (t-u)^{\alpha-1} t^{-q} \cos nt dt du,$$

则由如下的常数 C:

$$|zZ(w)| \begin{cases} \leqslant C(nw)^{-\alpha} & (nw \geqslant 1), \\ \leqslant C(nw)^{1-\alpha} & (nw < 1, \alpha \leqslant q), \\ \leqslant C(nw)^{1+q-\alpha} & (nw < 1, \alpha > q). \end{cases}$$

首先从

$$Z(\pi) = \int_0^\pi t^{-q} \cos nt \int_0^t u^{q-\alpha} (t-u)^{\alpha-1} du dt = B(\alpha, q-\alpha+1) \int_0^\pi \cos nt dt = 0$$

导出

$$\begin{aligned} Z(w) &= Z(\pi) - \int_w^\pi u^{q-\alpha} \int_u^\pi (t-u)^{\alpha-1} t^{-q} \cos nt dt du \\ &= -\int_w^\pi t^{-q} \cos nt \int_w^\pi u^{q-\alpha} (t-u)^{\alpha-1} du dt \\ &= -\int_w^\pi \cos nt \int_{w/t}^1 v^{q-\alpha} (1-v)^{\alpha-1} dv dt \\ &= \frac{1}{n} \int_w^\pi \sin nt \frac{w}{t^2} \left(\frac{w}{t}\right)^{q-\alpha} \left(1 - \frac{w}{t}\right)^{\alpha-1} dt \\ &= \frac{1}{n} w^{1+q-\alpha} \int_w^\pi (t-w)^{\alpha-1} t^{-1-q} \sin nt dt. \end{aligned}$$

由第二中值定理，存在着如下的二数 $t_1, t_2 : w < t_2 < t_1 < \pi$，

$$nw^\alpha Z(w) = \int_w^{t_1} (t-w)^{\alpha-1} \sin nt dt,$$

其绝对值小于

$$\int_w^{w+1/n} (t-w)^{\alpha-1} dt + \left| n^{1-\alpha} \int_w^{t_2} \sin nt dt \right|.$$

因此，$|nw^\alpha Z(w)| \leqslant \left(2 + \dfrac{1}{\alpha}\right) n^{-\alpha}$. 这是证明

$$| nZ(w) |\leqslant C(nw)^{-\alpha} \quad (nw \geqslant 1).$$

假如 $nw < 1$，那么

$$w^{1+q-\alpha} \int_w^\pi (t-w)^{\alpha-1} t^{-1-q} \sin nt\, dt$$

$$= (nw)^{1+q-\alpha} \int_0^{n(\pi-w)} y^{\alpha-1} \frac{\sin(y+nw)}{(y+nw)^{1+q}} dy = (nw)^{1+q-\alpha} \left(\int_0^{\pi/2-1} + \int_{\pi/2-1}^{n(\pi-w)} \right)$$

$$= (nw)^{1+q-\alpha} \left\{ \lambda_n \int_0^{\pi/2-1} y^{\alpha-1}(y+nw)^{-q} dy + \mu_n \int_{\pi/2-1}^\infty y^{\alpha-q-2} dy \right\},$$

其中 $|\lambda_n| < 1, |\mu_n| < 1$. 由于 $q+1 > \alpha$，最后的积分是收敛的. 当 $\alpha > q$ 时，积分

$$I = \int_0^{\pi/2-1} y^{\alpha-1}(y+nw)^{-q} dy$$

是 $O(1)$，然若 $\alpha \leqslant q$，则

$$I < (nw)^{-q} \left(\frac{1}{\alpha} \right) \left(\frac{\pi}{2} \right)^\alpha.$$

补助定理 2 由是证毕.

补助定理 3　设 $\phi(t)$ 在 $(0,\pi)$ 上是一有界变差的函数，则当 $\varepsilon > 0$ 时，下面两级数

$$\sum_{n=1}^\infty \frac{1}{n} \int_0^{\frac{1}{n}} (nt)^\varepsilon \mid d\phi(t) \mid \quad \text{和} \quad \sum_{n=1}^\infty \frac{1}{n} \int_{1/n}^\infty (nt)^{-\varepsilon} \mid d\phi(t) \mid$$

都是收敛的.

证明　设

$$H(t) = \sum_{n=1}^\infty n^{-1} \min \left\{ (nt)^\varepsilon, (nt)^{-\varepsilon} \right\},$$

则因

$$H(t) = \sum_{nt \leqslant 1} n(nt)^\varepsilon + \sum_{nt > 1} n^{-1}(nt)^{-\varepsilon} = O(1),$$

知 $H(t)$ 是一有界函数. 定理中任一级数的和小于或等于

$$\int_0^\pi H(t)\,|\,d\phi(t)\,| < \infty.$$

证明完毕.

利用这些补助定理，我们证明下面的定理 2. 定理 2 包含定理 1.

定理 2　设 $0 < \alpha < 1, q \geqslant \alpha$. 若函数

$$\psi(t) \equiv t^{\alpha-q} \frac{d}{dt} \int_0^t \frac{u^q \phi(u) du}{(t-u)^\alpha}$$

在 $(0,\pi)$ 是有界变差，则 $f(x)$ 的傅里叶级数在点 x 绝对收敛.

当 $\alpha = q = p$ 时，定理 2 化为定理 1.

证明　所要证明是从 $\displaystyle\int_0^\pi |\,d\psi(t)\,| < \infty$ 可以导出级数

$$\sum_{n=1}^\infty \frac{2}{\pi} \int_0^\pi \phi(t) \cos nt\,dt$$

的绝对收敛.

因 $q \geqslant \alpha$，故 $t^{q-\alpha}$ 在 $(0,\pi)$ 中是有界变差. 两个有界变差函数 $\psi(t)$ 与 $\dfrac{t^{q-\alpha}}{\Gamma(1-\alpha)}$ 之积

$$\left(t^q \phi(t)\right)_{-\alpha} = \frac{1}{\Gamma(1-\alpha)} \frac{d}{dt} \int_0^t \frac{u^q \phi(u) du}{(t-u)^\alpha}$$

在 $(0,\pi)$ 中也是有界变差. 由补助定理 1，关系

$$\phi(t) = t^{-q} ((t^q \phi(t))_{-\alpha})_\alpha$$

几乎处处成立. 因此，

$$\begin{aligned}
\frac{2}{\pi} \int_0^\pi \phi(t) \cos nt\,dt &= \frac{2}{\pi} \int_0^\pi t^{-q} \cos nt \cdot (1/\Gamma(\alpha)) \int_0^t (t-u)^{\alpha-1} (u^q \phi(u))_{-\alpha}\,du\,dt \\
&= \frac{2}{\pi\Gamma(\alpha)} \int_0^\pi (u^q \phi(u))_{-\alpha} \int_u^\pi (t-u)^{\alpha-1} t^{-q} \cos nt\,dt\,du \\
&= \frac{2}{\pi\Gamma(\alpha)} \int_0^\pi u^{\alpha-q} (u^q \phi(u))_{-\alpha}\,dZ(u).
\end{aligned}$$

因 $Z(0) = Z(\pi) = 0$，故由分离积分，得

$$\Gamma(\alpha)\Gamma(1-\alpha)\int_0^\pi \phi(t)\cos ntdt = -\int_0^\pi Z(w)d\psi(w).$$

因此，由补助定理 2，

$$\left|\int_0^\pi \phi(t)\cos ntdt\right| \leqslant \frac{C}{n}\int_0^{1/n}(nw)^{1-\alpha}\mid d\psi(w)\mid + \frac{C}{n}\int_{1/n}^\pi (nw)^{-\alpha}\mid d\psi(w)\mid.$$

由是，利用补助定理 3，知定理成立.

特别，当 $\phi'(t)$ 存在，且 $\phi(t)$ 和 $t\phi'(t)$ 在 $(0,\pi)$ 都是有界变差时，函数

$$\psi(t) \equiv \frac{d}{dt}\int_0^t \frac{u^p\phi(u)du}{(t-u)^p} = \frac{d}{dt}\int_0^1 \frac{tv^p\phi(tv)dv}{(1-v)^p}$$

$$= \int_0^1 \frac{v^p(\phi(tv)+tv\phi'(tv))dv}{(1-v)^p}$$

在 $(0,\pi)$ 中也是有界变差. 因此得着下面的

定理 3 假如两函数 $\phi(t)$ 和 $t\phi'(t)$ 在 $(0,\pi)$ 中都是有界变差，则 $f(x)$ 的傅里叶级数在点 x 绝对收敛.

3.3 有界变差函数之傅里叶级数的绝对收敛

30. 假如 $f(x)$ 在 $(-\pi,\pi)$ 是有界变差且属于 $\mathrm{Lip}\alpha, \alpha>0$，则 $f(x)$ 的傅里叶级数处处绝对收敛.

另一方面，利用傅里叶级数的共轭级数的性质，我们能够证明如下的定理.

定理[1] 假如具有周期 2π 的周期函数 $f(x) \sim \sum A_n(x)$ 在任何有限区间上是有界变差且连续. 假如存在着一点 x，能使两条件

$$\int_0^\pi \frac{\mid f(x+t)-f(x-t)\mid}{t}dt < \infty \tag{1}$$

和

$$\int_0^\pi \mid d\{f'(x\pm t)t\}\mid < \infty \tag{2}$$

都成立，则傅里叶级数 $\sum A_n(x)$ 处处绝对收敛.

事实上，假如 $\sum A_n(x)$ 和它的共轭级数 $\sum B_n(x)$ 在同一点绝对收敛，则两级数

---

① K. K. Chen [16].

处处绝对收敛. 置

$$2\varphi(t) = f(x+t) + f(x-t), \quad 2\psi(t) = f(x+t) - f(x-t),$$

则条件(2)含有

$$\int_0^\pi |\,d(t\varphi'(t))\,| < \infty \tag{3}$$

与

$$\int_0^\pi |\,d(t\psi'(t))\,| < \infty. \tag{4}$$

由第 6.4 节的定理 1, 条件(1), (4)和

$$\psi(\pi - 0) = 0, \quad \int_0^\pi |\,d\psi(t)\,| < \infty \tag{5}$$

含有 $\sum |B_n(x)|$ 的收敛性. 但是, $\psi(\pi - 0) = 0$ 是含在 $\psi(t) = -\psi(-t)$ 中的, 因为

$$\psi(t + 2\pi) = \psi(t), \quad \psi(\pi - 0) = \psi(-\pi)$$

之故, 又由 3.2 节定理 3, 条件(3)和

$$\int_0^\pi |\,d\varphi(t)\,| < \infty$$

含有 $\sum |A_n(x)| < \infty$. 定理证毕.

3.4 绝对收敛之一必要性

31. 此地沿用前节的各种记号. 波三桂曾经证明[1]: 级数 $\sum A_n(x)$ 在点 x 的收敛并不包含一次平均函数

$$[\varphi(t)]_1 = \frac{1}{t} \int_0^t \varphi(t) dt$$

在 $(0, \pi)$ 中为有界变差. 另一方面, 我们有如下的

---

① Bosanquet [1].

定理[1]   假如 $f(t)$ 的傅里叶级数在点 $t = x$ 绝对收敛, 那么函数

$$\Phi(t) \equiv \frac{\rho(t)}{t} \int_0^t \varphi(t) dt$$

在 $(0, A)$ 为有界变差, 但 $\rho(t)$ 在 $(0, A)$ 中是一全连续的函数, 并且

$$I \equiv \int_0^A \left| \frac{\rho(t)}{t} \right| dt < \infty.$$

事实上, 当 $0 < t < A$ 时,

$$\Phi'(t) = \rho'(t) \sum A_n \frac{\sin nt}{nt} + \rho(t) \sum A_n \frac{d}{dt} \frac{\sin nt}{nt}. \tag{1}$$

由于

$$\int_0^A \left| \rho'(t) \frac{\sin nt}{nt} \right| dt \leqslant \int_0^A |\rho'(t)| dt = J,$$

$$\int_0^A \left| \rho(t) \frac{d}{dt} \frac{\sin nt}{nt} \right| dt \leqslant 2 \int_0^A \left| \frac{\rho(t)}{t} \right| dt,$$

故从(1)得到

$$\int_0^A |\Phi'(t)| dt \leqslant (J + 2I) \sum |A_n(x)| < \infty.$$

定理证毕.

---

[1] K. K. Chen [17].

第4章 傅里叶级数的正阶切萨罗平均法绝对求和

4.1 有界变差之函数与切萨罗平均数列

32. 有界变差函数的傅里叶系数是 $O\left(\dfrac{1}{n}\right)$. 此地将这个古老的定理拓广[①].

定理 设 $\phi(t) \sim \sum A_n \cos nt$ 是一勒贝格-傅里叶级数, $\alpha > 0$. 假如函数

$$[\phi(t)]_\alpha = \frac{\alpha}{t^\alpha} \int_0^t (t-u)^{\alpha-1} \phi(u) du$$

在 $(0, \pi)$ 是有界变差, 则 $\sigma_n^\alpha - \sigma_{n-1}^\alpha = O\left(\dfrac{1}{n}\right)$, 但

$$\sigma_n^\alpha = \frac{1}{(\alpha)_n} \sum_{v=0}^n (\alpha)_{n-v} A_v, \quad (\alpha)_n = \frac{(\alpha+1)(\alpha+2)\cdots(\alpha+n)}{n!}.$$

设 $\alpha > 0$, 记函数列 $\left\{\dfrac{2}{\pi} \sin nt\right\}$ 的 α 阶的第 n 平均数为 $g^\alpha(n,t)$, 则当 $0 < t \leqslant \pi$ 时,

$$\left(\frac{d}{dt}\right)^k g^\alpha(n,t) = O(n^k)(1+nt)^{-\mu}.$$

但 $\mu = \min(\alpha, 1+k), k \geqslant 0$. 这是已知的结果[②]. 利用此结果, 我们可以建立下面的

补助定理 设 $\alpha > 0$. 置 $k = [\alpha], \alpha - k = (\alpha)$,

$$K(u) \equiv K(n,u) = \int_u^\pi (t-u)^{-(\alpha)} \left(\frac{d}{dt}\right)^{k+1} g^\alpha(n,t) dt,$$

则当 $0 < w \leqslant \pi$ 时, 函数列

---

① K. K. Chen [18].

② Obreschkoff [1].

$$\Omega(w) \equiv \Omega(n, w) \equiv \int_w^\pi u^\alpha dK(u)$$

是均匀有界的.

事实上, 由分离积分法,

$$\Omega(n, w) = -w^\alpha K(w) - \alpha \int_w^\pi u^{\alpha-1} K(u) du.$$

书 $\int_w^\pi = \int_w^{w+1/n} + \int_{w+1/n}^\pi$, 则

$$w^\alpha \int_w^{w+1/n} (t-w)^{-(\alpha)} \left(\frac{d}{dt}\right)^{k+1} g^\alpha(n, t) dt$$

$$= w^\alpha \int_w^{w+1/n} (t-w)^{-(\alpha)} O(n^{k+1})(nw)^{-\alpha} dt = O(1).$$

由第二中值定理,

$$w^\alpha \int_{w+1/n}^\pi (t-w)^{-(\alpha)} \left(\frac{d}{dt}\right)^{k+1} g^\alpha(n, t) dt = w^\alpha n^{(\alpha)} \int_{w+1/n}^{\pi'} \left(\frac{d}{dt}\right)^{k+1} g^\alpha(n, t) dt,$$

其中 $w + n^{-1} < \pi' < \pi$. 最后的式子等于

$$w^\alpha n^{(\alpha)} \cdot O(n^k)(nw)^{-\alpha} = O(1).$$

因此, $w^{-\alpha} K(w) = O(1)$. 留下来的事情是要证明

$$\int_w^\pi u^{\alpha-1} K(u) du = O(1). \tag{1}$$

简写 $g^\alpha(n, t) = g(t)$, 则

$$\int_w^\pi u^{\alpha-1} K(u) du = \int_w^\pi u^{\alpha-1} \int_u^\pi (t-u)^{-(\alpha)} g^{(k+1)}(t) dt du$$

$$= \int_w^\pi g^{(k+1)}(t) H(t) dt = \int_w^{2w} + \int_{2w}^\pi = J_1 + J_2,$$

其中

$$H(t) = \int_w^t u^{\alpha-1}(t-u)^{-(\alpha)} du$$

$$= \frac{1}{1-(\alpha)} w^{\alpha-1}(t-w)^{1-(\alpha)} + \frac{\alpha-1}{1-(\alpha)} \int_w^t u^{\alpha+2}(t-u)^{1-(\alpha)} du.$$

先证 $J_1 = O(1)$. 若 $\alpha < 1$，则 $(\alpha) = \alpha$，函数

$$H(t) = \int_{w/t}^1 v^{\alpha-1}(1-v)^{-\alpha}\,dv$$

关于 t 是增加的. 若 $\alpha = 1$，则 $H(t) = t - w.$ 若 $\alpha > 1$，则得

$$H'(t) = w^{\alpha-1}(t-w)^{-(\alpha)} + (\alpha-1)\int_w^t u^{\alpha-1}(t-u)^{-(\alpha)}\,du > 0.$$

总而言之，当 $\alpha > 0$ 时，$H(t)$ 是 t 的增加函数. 用第二中值定理，

$$J_1 = H(2w)\int_{w_1}^{2w} g^{(k+1)}(t)dt,$$

但 $w < w_1 < 2w$. 显然，$H(2w) = O(w^k)$. 因此，

$$J_1 = O(w^k) \cdot n^k (1+nw)^{-\alpha} = O(1).$$

其次，证明 $J_2 = O(1)$. 若 $k = 0$，则由第二中值定理，

$$J_2 = H(\pi)\int_{w_2}^\pi g'(t)dt = O(1), \quad 2w < w_2 < \pi.$$

若 $k > 0$，则经 $k-1$ 次分离积分后，得

$$J_2 = \left[g^{(k)}(t)H(t) + \cdots + (-1)^{k-1} g'(t)H^{(k-1)}(t) \right]_{2w}^\pi + (-1)^k \int_{2w}^\pi g'(t)H^{(k)}(t)dt.$$

当 $w \geqslant 1$，证明甚简. 事实上，由第二中值定理，$(2,\pi)$ 中有如下的 w_2，

$$J_2 = H(\pi)\int_{w_2}^\pi g^{(k)}(t)dt = O(1).$$

若 $w < 1$，则

$$H^{(m)}(t) = (\alpha-1)(\alpha-2)\cdots(\alpha-m)\int_w^t u^{\alpha-m-1}(t-u)^{-(\alpha)}\,du + \sum_{v=1}^m A_v w^{\alpha-v}(t-w)^{v-m-(\alpha)},$$

其中一切 A_v 都是常数. 因此，假如 $1 \leqslant m \leqslant k$，

$$\left[g^{(h-m)}(t)H^{(m)}(t) \right]_{2w}^\pi = (\alpha-1)\cdots(\alpha-m)g^{(h-m)}(\pi)\int_w^\pi u^{\alpha-m-1}(\pi-u)^{-(\alpha)}\,du$$
$$+ O(nw)^{k-m}(1+nw)^{-1-k+m} + o(1)$$
$$= O(1).$$

由是

$$J_2 = O(1) + (-1)^k \int_{2w}^{\pi} g'(t)H^{(k)}(t)dt + \left[g^{(k)}(t)H(t) \right]_{2w}^{\pi}.$$

由于 $H(2w) = O(w^k)$，所以末项不大于

$$O(n^k)[(1 + n\pi)^{-\alpha} H(\pi) + (1 + nw)^{-\alpha} H(2w)] = O(1) + O(nw)^k (1 + nw)^{-\alpha} = O(1).$$

由第二中值定理，$(2w, \pi)$ 中有如下的数 $\pi_1, \pi_2, \cdots, \pi_k$：

$$\sum_{v=1}^{k} A_v w^{\alpha-v} \int_{2w}^{\pi} g'(t)(t-w)^{v-k-(\alpha)}dt$$

$$= \sum_{v=1}^{m} A_v w^{\alpha-v} \cdot w^{v-k-(\alpha)} \int_{2w}^{\pi_v} g'(t)dt = O(1).$$

因此，

$$J_2 = O(1) + (-1)^k (\alpha-1)(\alpha-2)\cdots(\alpha-k) \int_{2w}^{\pi} g'(t) \int_{w}^{t} u^{(\alpha)-1}(t-u)^{-(\alpha)}dudt.$$

假如 α 是一整数，那么上式末项等于 0，因为 $\alpha - k = 0$。若不然，则 $(\alpha) > 0$；此时用第二中值定理，

$$\int_{2w}^{\pi} g'(t) \int_{w}^{t} u^{(\alpha)-1} \left(t-u \right)^{-(\alpha)} dudt = \int_{w}^{\pi} u^{(\alpha)-1}(t-u)^{-(\alpha)} du \int_{w_1}^{\pi} g'(t)dt = O(1).$$

总结起来，就得到(1). 补助定理证毕.

固定 x，数列 $\{n A_n\}$ 的 α 阶的第 n 切萨罗平均值记它做 τ_n^{α}，则

$$\tau_n^{\alpha} = n(\sigma_n^{\alpha} - \sigma_{n-1}^{\alpha}).$$

所要证明的是从

$$\int_0^{\pi} | d[\phi(t)]_{\alpha} | < \infty$$

导出 $\tau_n^{\alpha} = O(1)$. 施行 $k = [\alpha]$ 次分离积分，得

$$\tau_n^{\alpha} = \int_0^{\pi} \phi(t) \frac{d}{dt} g^{\alpha}(n,t)dt = \left[\sum_{v=1}^{k} (-1)^{v-1} (\phi(t))_v \left(\frac{d}{dt} \right)^v g^{\alpha}(n,t) \right]_0^{\pi} + (-1)^k I_n, \quad (2)$$

此地

$$(\phi(t))_v = \frac{t^v}{\Gamma(v+1)}[\phi(t)]_v$$

表示函数从 0 到 t 的 v 次积分，而

$$I_n = \int_0^\pi (\phi(t))_k \left(\frac{d}{dt}\right)^{k+1} g^\alpha(n,t)dt.$$

利用恒等式 $(\phi(t))_{1+k} = ((\phi(t))_\alpha)_{k-\alpha+1}$，我们可以写

$$(\phi(t))_k = \frac{d}{dt}\frac{1}{\Gamma(k-\alpha+1)}\int_0^t (t-u)^{k-\alpha}(\phi(u))_\alpha du.$$

所以

$$\Gamma(k-\alpha+1)I_n = \int_0^\pi \left(\frac{d}{dt}\right)^{k+1} g^\alpha(n,t)\int_0^t (t-u)^{-(\alpha)}d(\phi(u))_\alpha dt$$

$$= \int_0^\pi \int_u^\pi (t-u)^{-(\alpha)}\left(\frac{d}{dt}\right)^{k+1} g^\alpha(n,t)dtd(\phi(u))_\alpha.$$

分离积分，

$$\Gamma(1+\alpha)\Gamma(1+k-\alpha)I_n = -\Gamma(1+\alpha)\int_0^\pi (\phi(u))_\alpha dK(u)$$

$$= -\int_0^\pi u^\alpha[\phi(u)]_\alpha dK(u),$$

$$I_n = \frac{1}{\Gamma(1+\alpha)\Gamma(1+k-\alpha)}\int_0^\pi \Omega(u)d[\phi(u)]_\alpha = O(1). \tag{3}$$

由于 $(\phi(0))_v = 0, v = 1,2,\cdots$. 故由(2)和(3)，得 $\tau_n^\alpha = O(1)$. 定理证毕.

4.2　哈代定理之一拓广及其应用于傅里叶级数的绝对求和[①]

33. 设 $f(x+2\pi) \equiv f(x), f(x) \in L(0,2\pi), 2\phi(t) = f(x+t) + f(x-t), \alpha > 0$. 函数 $f(x)$ 在点 x 的 α 阶平均函数是

---

① K. K. Chen [19].

$$[\phi(t)]_\alpha = \frac{a}{t^\alpha} \int_0^t (t-u)^{\alpha-1} \phi(u)du.$$

假如函数 $[\phi(t)]$ ，在 $(0,\pi)$ 是有界变差则称 x 是 $f(x)$ 之一"德拉瓦-莱普森"点. 在这种点，f 的傅里叶级数是收敛的，并且可用绝对求和 $|C,\alpha|, \alpha > 1$，求和[1]. 当 $\phi(t)t^{-1} \in L(0,\pi)$ 时，称 x 是函数 f 之一迪尼点.

哈代老早就证明[2]迪尼点是一德拉瓦-莱普森点. 点 x 是否为 $f(t)$ 之一迪尼点，光是由 $f(t)$ 在 $t=x$ 近旁的数值决定，所以是 $f(t)$ 之一局部性. 另一方面，f 的傅里叶级数在一定点的 $|C,1|$ 求和性，并非 f 在此点之一局部性，这是波三桂和革司脱尔曼所指出的[3]. 因此，在迪尼点，傅里叶级数未必可用 1 阶的切萨罗绝对求和法求和.

本节的定理 1 和定理 4，可以看作哈代定理的拓广. 从这些定理，可以导出定理 2 和定理 3，但是我又直接证明了定理 2 和定理 3.

现在先证

补助定理 1　若 $l(t) \in L(0,\pi)$ ，则 $h(t) \in L(0,\pi)$ ，但

$$h(t) = \frac{1}{t^3} \int_0^t \int_0^u vl(v)dvdu.$$

当证明时，不妨假设 $l(t) \geqslant 0$. 从

$$h(t) = \frac{1}{t^2} \int_0^t wl(w)dw - \frac{1}{t^3} \int_0^t w^2 l(w)dw \leqslant \frac{1}{t^2} \int_0^t wl(w)dw.$$

我们只要证明下面的补助定理 2 就够了.

补助定理 2　若 $l(t) \in L(0,\pi)$ ，则

$$\frac{1}{t^2} \int_0^t ul(u)du \in L(0,\pi).$$

此地仍可假设 $l(t) \geqslant 0$. 用哈代的定理，函数

$$L(t) = \frac{1}{t} \int_0^t ul(u)du$$

在 $(0,\pi)$ 中是有界变差. 因此 $L(+0)$ 存在. 用分离积分法，

---

① Bosanquet [2].

② Hardy [1].

③ Bosanquet-Kestleman [1].

$$\int_0^\pi l(t)dt = L(\pi) - L(0) + \int_0^\pi \frac{1}{t^2}\int_0^t ul(u)dudt.$$

补助定理 2 证毕.

现在假设积分

$$\chi(t) = \int_{+0}^t \phi(u)u^{-1}du,$$

依柯西的意义存在，这就是说：$\chi(t) = \lim_{\varepsilon \to +0}\int_0^t \phi(u)u^{-1}du$. 又假设 $l(t) = t^{-1}\chi(t)$ $\in L(0,\pi)$，则 $\phi(t)$ 的二次平均函数 $[\phi(t)]_2$ 在 $(0,\pi)$ 中是有界变差；事实上，

$$\begin{aligned}
[\phi(t)]_2 &= \frac{2}{t^2}\int_0^t\int_0^u v \cdot \phi(v)v^{-1}dvdu \\
&= \frac{2}{t^2}\int_0^t u\chi(u)du - \frac{2}{t^2}\int_0^t\int_0^u \chi(v)dvdu.
\end{aligned}$$

由分离积分，

$$\int_0^t u\chi(u)du = t\int_0^t \chi(u)du - \int_0^t\int_0^u \chi(v)dvdu.$$

由微分，

$$\frac{d}{dt}[\phi(t)]_2 = \frac{2}{t}\chi(t) - \frac{6}{t^2}\int_0^t \chi(u)du + \frac{8}{t^3}\int_0^t\int_0^u \chi(v)dvdu.$$

因此，从补助定理 1 和补助定理 2 到得

$$\int_0^\pi \left|\frac{d}{dt}[\phi(t)]_2\right|dt < \infty.$$

由是完成了下面定理的证明.

定理 1　若 $t^{-1}\chi(t) \in L(0,\pi)$，则 $[\phi(t)]_2$ 在 $(0,\pi)$ 是有界变差.

将定理 1 与波三桂之一定理[1]相结合，得着如下的

定理 2　若 $t^{-1}\chi(t) \in L(0,\pi)$，则当 $\alpha > 2$ 时，$f(t)$ 的傅里叶级数在 $t = x$ 可用 $|C,\alpha|$ 平均法求和.

此定理的证明，可以不经过波三桂的定理. 它的直接证明，依赖着下面两个补助定理.

---

[1] Bosanquet [2].

补助定理 3 设 $a<1,b>1,h(t)\geqslant 0$，则当积分 $\int_0^t h(t)t^{-1}dt$ 存在时，下面两级数

$$\sum_1^\infty n^{-a}\int_0^{1/n} t^{-a}h(t)dt \quad \text{和} \quad \sum_1^\infty n^{-b}\int_{1/n}^1 t^b h(t)dt$$

都收敛.

事实上，

$$u_n=n^{-a}\int_0^{1/n}t^{-a}h(t)dt=\int_0^{1/n}\min\{(nt)^{-a},(nt)^{-b}\}h(t)dt,$$

$$v_n=n^{-b}\int_{1/n}^1 t^{-b}h(t)dt=\int_{1/n}^1\min\{(nt)^{-a},(nt)^{-b}\}h(t)dt.$$

记

$$H(t)=\sum_{u=1}^\infty t\min\{(nt)^{-a},(nt)^{-b}\},$$

则

$$\sum u_n\leqslant\int_0^1 H(t)t^{-1}h(t)dt,\quad \sum v_n\leqslant\int_0^1 H(t)t^{-1}h(t)dt.$$

由于 $h(t)\geqslant 0,t^{-1}h(t)\in L(0,1)$，$H(t)$ 是一有界函数的话 $\sum u_n$ 和 $\sum v_n$ 都是收敛级数.
现在，

$$H(t)=t^{1-a}\sum_{nt\leqslant 1}n^{-a}+t^{1-b}\sum_{nt>1}n^{-b}$$

$$<\frac{t^{1-a}}{1-a}\left(\frac{1}{t}\right)^{1-a}+\frac{t^{1-b}}{b-1}\left(\frac{1}{t}\right)^{1-b}+2=\frac{2-a}{1-a}+\frac{b}{b-1}.$$

因此补助定理证毕.

补助定理 4 设 $\dfrac{2}{\pi}\sin nt(n=0,1,2,\cdots)$ 的 α 阶第 n 切萨罗平均是 $g^\alpha(n,t)$，则当

$$\alpha>0,\quad 0<t<\pi,\quad n>0,\quad \lambda\geqslant 0$$

时，

$$\left|\left(\frac{d}{dt}\right)^\lambda g^\alpha(n,t)\right|\leqslant Kn^\lambda(1+nt)^{-\mu},$$

但 $\mu = \min(\alpha, 1 + \lambda)$，$K$ 是一常数.

这是已知的定理[①].

设 $2 < \beta < 3, \phi(t) \sim \dfrac{a_0}{2} + \sum_1^\infty a_n \cos nt$. 设数列

$$\left\{ \frac{1}{2} a_0 + a_1 + \cdots + a_n \right\} \text{ 和 } \{na_n\}$$

的 β 阶切萨罗平均值分别为 r_n^β 和 $\sigma_n^\beta (n = 0, 1, 2, \cdots)$. 置 $\sigma_{-1}^\beta = 0$. 若级数 $\sum(\sigma_n^\beta - \sigma_{n-1}^\beta)$ 绝对收敛，其和为 s，则简写此为

$$\frac{1}{2} a_0 + \sum_{n=1}^\infty a_n = s \mid C, \beta \mid.$$

由恒等式 $\sigma_n^\beta - \sigma_{n-1}^\beta = n^{-1} r_n^\beta$，我们要证明的是级数 $\sum n^{-1} \mid r_n^\beta \mid$ 的收敛，假设是 $t^{-1} \chi(t) \in L(0, \pi)$.

因

$$na_n = \frac{2}{\pi} \int_0^\pi \phi(t) \frac{d}{dt} \sin nt dt,$$

所以

$$r_n^\beta = \frac{2}{\pi} \int_0^\pi \phi(t) \frac{d}{dt} g^\beta(n, t) dt.$$

由分离积分，此积分等于

$$\left[t\chi(t) \frac{d}{dt} g^\beta(n, t) \right]_0^\pi - \int_0^\pi \chi(t) \frac{d}{dt} \left\{ t \frac{d}{dt} g^\beta(n, t) \right\} dt$$

$$= O\left(\frac{1}{n}\right) + \int_0^\pi \chi(t) O(1 + nt)^{-2} dt + n^2 \int_0^\pi t\chi(t) O(1 + nt)^{-\beta} dt,$$

这是利用了补助定理 4. 因此，必有常数 K 如下：

$$\sum \left| \frac{1}{n} r_n^\beta \right| \leqslant K \sum \frac{1}{n^2} + K \sum \int_0^{1/n} \mid \chi(t) \mid dt + K \sum \frac{1}{n^2} \int_{1/n}^\pi t^{-2} \mid \chi(t) \mid dt$$

$$+ K \sum n \int_0^{1/n} t \mid \chi(t) \mid dt + K \sum n^{1-\beta} \int_{1/n}^\pi t^{1-\beta} \mid \chi(t) \mid dt.$$

---

① Obrechkoff [1]. 参阅 Bosanquet [2].

因 $t^{-1}\chi(t) \in L$，由补助定理 3，上面四个级数都是收敛的．这就是建立下面的关系：

$$\frac{1}{2}a_0 + \sum_{n=1}^{\infty} a_n = s\,|\,C,\beta\,|, \quad 2 < \beta < 3.$$

定理 2 的证明，可用下面的补助定理完成它．

补助定理 5[①]　若 $\beta > \alpha > 0$，则 $\sum a_n = S\,|\,C,\alpha\,|$ 含有 $\sum a_n = S\,|\,C,\beta\,|$．

若 $l(t) \in L(0,\pi)$，则置

$$h_n(t) = \frac{1}{t^{1+n}} \int_0^t \int_0^{t_{n-1}} \int_0^{t_{n-2}} \cdots \int_0^{t_1} t_0 l(t_0) dt_0 dt_1 \cdots dt_{n-1}$$

时，补助定理 1 可以拓广如下：

补助定理 6　关系 $l(t) \in L(0,\pi)$ 含有一切关系 $h_n(t) \in L(0,\pi)$，n 是一正整数．

事实上，由分离积分得

$$h_n(t) = h_{n-1}(t) - \frac{1}{t^{1+n}} \int_0^t u^n h_{n-2}(u) du.$$

要证 $h_n(t) \in L(0,\pi)$，不妨假设 $l(t) \geqslant 0$，因此

$$h_n(t) \leqslant h_{n-1}(t), \quad n = 2, 3, \cdots.$$

由补助定理 2，知 $h_n(t) \in L(0,\pi)$．证明完毕．

由前面的议论，可以把定理 2 拓广为如下的形式．

定理 3　设累次(累 m 次)积分

$$l(t) \equiv \frac{1}{t} \int_{+0}^t \frac{1}{t_{m-1}} \int_{+0}^{t_{m-1}} \frac{1}{t_{m-2}} \int_{+0}^{t_{m-2}} \cdots \frac{1}{t_1} \int_{+0}^{t_1} \frac{\phi(t_0)}{t_0} dt_0 dt_1 dt_2 \cdots dt_{m-1}$$

存在，且在 $(0,\pi)$ 上属于 L．那么正数 ε 虽其小，$f(t)$ 的傅里叶级数在 $t = x$ 可用 $|\,C,m+1+\varepsilon\,|$ 平均法求和．

证明　设 $\beta > m+1$．利用补助定理 4，由分离积分得

$$r_n^\beta = (-1)^m \int_0^\pi l(t) \left(t\frac{d}{dt}\right)^{m+1} g^\beta(n,t) dt + O\left(\frac{1}{n}\right)$$

$$= \int_0^\pi l(t) \sum_{k=0}^m (1+nt)^{-1-k} \cdot O(nt)^k dt$$

$$+ \int_0^\pi l(t)(1+nt)^{-\gamma} O(nt)^{m+1} dt + O\left(\frac{1}{n}\right),$$

---

① Kogbetliantz [2], [3].

其中 $\gamma = \min(\beta, m+2)$. 因此, 有如下的常数 K :

$$\left|\frac{r_n^\beta}{n}\right| \leqslant K\sum_{k=0}^{m+1} n^{k-1}\int_0^{1/n} t^{k-1}\mid tl(t)\mid dt + \frac{K}{n^2}\int_{1/n}^\pi t^{-2}\mid tl(t)\mid dt$$

$$+ Kn^{m-\gamma}\int_{1/n}^\pi t^{m-\gamma}\mid tl(t)\mid dt + O\left(\frac{1}{n^2}\right).$$

由是, 利用补助定理 3, 级数 $\sum n^{-1}\mid r_n^\beta\mid$ 收敛. 证毕.

定理 3 也可以从波三桂的判定法导出. 实际上, 我们能够证明下面的定理:

定理 4　设定理 3 中的 $l(t)$ 属于 $L(0,\pi)$, 则 $\phi(t)$ 的第 $m+1$ 次平均函数 $[\phi(t)]_{m+1}$ 在区间 $(0,\pi)$ 中是有界变差.

写 $\phi(t) = \phi_0(t) \equiv \phi_0$, 当 $v > 0$ 时, 写

$$\phi_v \equiv \phi_v(t) = \int_{+0}^t \phi_{v-1}(t)t^{-1}dt$$

的话, $l(t) = t^{-1}\phi_m(t)$. 从

$$\frac{1}{m+1}t^{m+1}[\phi(t)]_{m+1} = \left(\int_0^t dt\right)^{m+1}\phi(t) = \left(\int_0^t dt\right)^m\left\{t\phi_1 - \int_0^t \phi_1 dt\right\}$$

$$= \left(\int_0^t dt\right)^m t\phi_1 - \left(\int_0^t dt\right)^{m+1}\phi_1,$$

我们易知

$$\frac{1}{m+1}t^{m+1}[\phi(t)]_{m+1} = t\left(\int_0^t dt\right)^m\phi_1 - (m+1)\left(\int_0^t dt\right)^{m+1}\phi_1.$$

因此, $t^{m+1}[\phi(t)]_{m+1}$ 是 $m+1$ 个函数

$$t^m\left(\int_0^t dt\right)^1\phi_m, \quad t^{m-1}\left(\int_0^t dt\right)^2\phi_m, \quad \cdots, \quad \left(\int_0^t dt\right)^{m+1}\phi_m$$

的一次结合. 所以 $[\phi(t)]_{m+1}$ 是 $m+1$ 个函数

$$t^{-1}\int_0^t tl(t)dt, \quad t^{-2}\left(\int_0^t dt\right)^2 tl(t), \quad \cdots, \quad t^{1-m}\left(\int_0^t dt\right)^{1+m}tl(t)$$

的一次结合, 也就是

$$th_1(t),\ th_2(t),\ \cdots,\ th_{m+1}(t)$$

的一次结合. 由微分，得

$$\frac{d}{dt}[\phi(t)]_{m+1} = c_0 l(t) + c_1 h_1(t) + c_2 h_2(t) + \cdots + c_{m+1} h_{m+1}(t),$$

$c_0, c_1, \cdots, c_{m+1}$ 都是常数. 因 $l \in L(0, \pi)$，又由补助定理 6，一切 $h_v(t)$ 属于 $L(0, \pi)$，所以

$$\int_0^\pi |\, d[\phi(t)]_{m+1} \,| < \infty.$$

证明完毕.

第 5 章　傅里叶级数的负阶切萨罗绝对求和[①]

34. 假设 $f(t+2\pi) \equiv f(t), f(t) \in L(0,2\pi)$. 又设

$$p > 1, \qquad 0 < k < 1. \tag{1}$$

固定 x, 设 $\frac{1}{2}\{f(x+t)+f(x-t)\}$ 的共轭函数为 $\psi(t)$. 置

$$\alpha_0 = \max\left(\frac{1}{2}-k, \frac{1}{p}-k\right). \tag{2}$$

本章(除出 5.5 节)的主要定理是定理 3, 定理 3 包含下面的定理 1.

定理 1　设 $pk > 1$. 假如

$$\int_0^\pi |\psi(t+h)-\psi(t-h)|^p dt = O(h^{pk}) \quad (h \to +0), \tag{3}$$

则 $f(t)$ 的傅里叶级数在 $t=x$ 可用 $|C,\alpha|$ 平均法求和, 但 $\alpha > \alpha_0$.

利用定理 1, 齐革蒙特关于傅里叶级数绝对收敛的定理得着如下的改进.

定理 2　设 $f(t+2\pi) \equiv f(t)$. 又设 $f(t)$ 在 $(0,2\pi)$ 中是有界变差且属于 Lip k. 那么 $f(t)$ 的傅里叶级数, 当 $\alpha > -\dfrac{k}{2}$ 时, 可用绝对平均法 $|C,\alpha|$ 求和, 当 $\beta > -\dfrac{1}{2}-\dfrac{k}{2}$ 时, 可用平均法 (C,β) 求和.

当 $pk > 1, p \leqslant 2$ 时, 关系

$$\int_{-\pi}^\pi |f(x+h)-f(x-h)|^p \, dx = O(h^{pk}) \tag{4}$$

含有 $f(t)$ 的傅里叶级数的绝对收敛, 由于此时

$$\alpha_0 = \frac{1}{p} - k < 0,$$

故(4)含有(3). 定理 1 改进了哈代-李特尔伍德的绝对收敛定理.

---

① K. K. Chen [20].

希斯洛普(Hyslop)[1]证明：若 $f(t) \in \mathrm{Lip}\, k, 2k \leqslant 1$，则当 $a > \dfrac{1}{2} - k$ 时，$f(t)$ 的傅里叶级数可用 $|C, \alpha|$ 求和法求和. 周鸿经[2]曾证希斯洛普的结论是条件(4)的结果. 但是周鸿经的定理显然含在定理 1 之中.

定理 3　假如对于一点 x，有常数 q 适合

$$q + pk > 1, \tag{5}$$

$$\int_{-\pi}^{\pi} |\psi(t+h) - \psi(t-h)|^p \, t^{-q} dt = O(h^{pk}), \tag{6}$$

那么，当 $\alpha > \alpha_0$ 时，$f(t)$ 的傅里叶级数在 $t = x$，可用平均法 $|C, \alpha|$ 求和，且可用平均法 (C, β) 求和，但 $\beta > -k$.

最后的部分——(C, β)——是哈代-李特尔伍德定理之一拓广[3].

此地的主要目的，虽在研讨傅里叶级数的 $|C, \alpha|$ 求和，但是我们也证明几个幂级数在其收敛圆周上 $|C, \alpha|$ 求和的定理. 例如我们建立了下面的定理：假如函数

$$F(z) = \sum_{n=0}^{\infty} c_n z^n \quad (z = re^{i\theta}) \tag{7}$$

在单位圆中是正则的，且当 $r \to 1 - 0$ 时，关系

$$\int_{-\pi}^{\pi} |F^{(j)}(z)|^p \, d\theta = O((1-r)^{kp-jp}) \tag{8}$$

对于某一正整数 j 成立，则当 $\alpha > \alpha_0$ 时，级数(7)在其收敛圆周上的正则点，可用 $|C, \alpha|$ 平均法求和. 这是下述定理之一结果.

定理 4　设幂级数 $F(z) = \sum c_n z^n, z = re^{i\theta}$，在单位圆中收敛. 假如 $z = 1$ 是 $F(z)$ 之一正则点，且当 $r \to 1 - 0$ 时，

$$\int_{-\pi}^{\pi} \frac{|F^{(j)}(z)|^p \, d\theta}{|1-z|^q} = O((1-r)^{kp-jp}) \tag{9}$$

成立，那么，当 $\alpha > \alpha_0$ 时，级数 $\sum c_n$ 可用 $|C, \alpha|$ 平均法求和，但

$$p > 1, \qquad 0 < k < 1, \qquad q + pk > 1, \qquad 0 \leqslant q \leqslant 1.$$

---

① Hyslop [1].

② Chow [1].

③ Hardy-Littlewood [7], 定理 7.

此定理在特殊情形 $j=1, q=0$ 且

$$\frac{1}{p} < k \leqslant \frac{1}{2}, \tag{10}$$

是周鸿经的定理[①]. 周鸿经又证明[②]: 当

$$G(r,t) = \int_0^t |F'(re^{i\theta+i\phi})|^p \, d\phi = O\left(\frac{|t|}{(1-r)^{p-pk}}\right),$$

$$pk \leqslant 1, \quad 0 < 1-r \leqslant |t| \leqslant \pi, \quad \alpha > \alpha_0 \tag{11}$$

成立时, 级数 $\sum c_n e^{ni\theta}$ 可用 $|C,a|$ 平均法求和. 下文将证条件(11)保证如下的 q 的存在:

$$q+pk > 1, \quad \int_{-\pi}^{\pi} \frac{|F'(re^{i\theta+i\phi})|^p}{|1-re^{i\phi}|^q} \, d\phi = O((1-r)^{kp-p}). \tag{12}$$

5.1 补 助 定 理

35. 关于共轭函数之一补助定理.

补助定理 1 设偶函数 $u(\theta)$ 在 $(0,\pi)$ 上可以 L 积分, $u(2\pi+\theta) \equiv u(\theta)$. 那么 $u(\theta)$ 的共轭函数

$$v(\theta) = \frac{1}{\pi} \int_0^\pi \frac{\sin\theta}{\cos\phi - \cos\theta} u(\phi) d\phi \tag{1}$$

满足

$$\int_0^\pi |v(\theta)|^p \, \theta^{-q} d\theta \leqslant K(p,q) \int_0^\pi |u(\theta)|^p \, \theta^{-q} d\theta, \tag{2}$$

但是假设 $p > 1, -p < q-1 < p, \theta^{-q} |u(\theta)|^p \in L(0,\pi)$.

此命题在实质上是一已知的定理[③]. 此地给它一个证明, 以求理论的完备. 当证明时, 不妨假设 $u(\theta)$ 在 $(\pi-\delta,\pi)$ 中等于 0, 但 $\frac{\pi}{2} < \delta < \pi$. 事实上, 置

---

① Chow [1], 定理 1.

② Chow [1], 定理 2.

③ Hardy-Littlewood [8], 定理 11.

$$u(\theta) = u_1(\theta) + u_2(\theta),$$
$$u_1(\theta) = u(\theta) \quad (0 \leqslant \theta \leqslant \pi - \delta),$$
$$u_1(\theta) = 0 \quad (\pi - \delta < \theta \leqslant \pi).$$

设 $u_1(\theta)$ 的共轭函数为 $v_1(\theta)$，$u_2(\theta)$ 的共轭函数为 $v_2(\theta)$，则

$$\int_0^\pi \frac{|v_2(\theta)|^p \, d\theta}{\theta^q} = \int_{\pi/2}^\pi \frac{|v_2(\theta)|^p \, d\theta}{\theta^q} + \int_0^{\pi/2} \frac{d\theta}{\theta^q} \left| \int_{\pi-\delta}^\pi \frac{\sin\theta u_2(\phi)d\phi}{\cos\phi - \cos\theta} \right|^p$$
$$\leqslant \pi^p \int_0^\pi |v_2(\theta)|^p \, d\theta + \frac{1}{(\pi \cos\delta)^p} \int_0^{\pi/2} \theta^{p-q} d\theta \int_0^\delta |u(\pi-t)|^p dt.$$

由里斯(Riesz)不等式，上式小于积分 $\int |u_2|^p d\theta$ 的常数倍. 因此，

$$\int_0^\pi |v_2(\theta)|^p \, \theta^{-q} \leqslant K(p,q) \int_0^\pi |u_2(\theta)|^p \, \theta^{-q} d\theta. \tag{3}$$

假如

$$\int_0^\pi |v_1(\theta)|^p \, \theta^{-q} d\theta \leqslant K(p,q) \int_0^\pi |u_1(\theta)|^p \, \theta^{-q} d\theta$$

成立的话，那么把它与(3)相结合，从

$$\left(\int |v|^p \, \theta^{-q} d\theta \right)^{1/p} \leqslant \left(\int |v_1|^p \, \theta^{-q} d\theta \right)^{1/p} + \left(\int |v_2|^p \, \theta^{-q} d\theta \right)^{1/p}$$

得到(2).

设 $\beta = -\dfrac{q}{p}$，偶函数

$$U(\theta) = u(\theta) \tan^\beta \frac{\theta}{2} \quad (0 < \theta < \pi)$$

的共轭函数是

$$V(\theta) = \frac{1}{\pi} \int_0^\pi \frac{\sin\theta}{\cos\phi - \cos\theta} U(\phi) d\phi.$$

那么，由里斯定理，

$$\int_0^\pi |V(\theta)|^p \, d\theta \leqslant K(p) \int_0^\pi |U(\theta)|^p \, d\theta = K(p) \int_0^{\pi-\delta} |U(\theta)|^p \, d\theta. \tag{4}$$

再由里斯定理,

$$\int_0^\pi |v(\theta)|^p \; \theta^{-q} d\theta \leqslant \int_0^{\pi/2} v(\theta)|^p \; \theta^{-q} \sec^2 \frac{\theta}{2} d\theta + \pi^p \int_0^\pi |u(\theta)|^p \; d\theta. \tag{5}$$

置 $w(\theta) = v(\theta)\tan^\beta \dfrac{\theta}{2} - V(\theta)$, 则

$$\int_0^{\pi/2} |v(\theta)|^p \; \theta^{-q} \sec^2 \frac{\theta}{2} d\theta \leqslant K(p,q)\left[\int_0^{\pi/2} |w(\theta)|^p \; \sec^2 \frac{\theta}{2} d\theta \right.$$
$$\left. + \int_0^{\pi/2} |V(\theta)|^p \; \sec^2 \frac{\theta}{2} d\theta \right].$$

由(4)与(5), 证明

$$\int_0^\pi |w(\theta)|^p \; \sec^2 \frac{\theta}{2} d\theta \leqslant K\int_0^\pi |U(\theta)|^p \; \sec^2 \frac{\theta}{2} d\theta \tag{6}$$

好了.

　　置

$$\xi = \tan\frac{\theta}{2}, \quad \eta = \frac{\phi}{2}, \quad H = H(\xi,\eta) = \frac{\xi(\eta^\beta - \xi^\beta)}{\eta^\beta(\eta^2 - \xi^2)},$$

则

$$\frac{\sin\theta}{\cos\phi - \cos\theta} = \frac{\xi}{\xi^2 - \eta^2}\sec^2\frac{\phi}{2},$$

$$w(\theta) = \frac{1}{\pi}\int_0^\pi \frac{\xi}{\xi^2 - \eta^2}\left(u(\phi)\tan^\beta\frac{\theta}{2} - U(\phi)\right)\sec^2\frac{\phi}{2}d\phi = \frac{1}{\pi}\int_0^\pi -HU(\phi)\sec^2\frac{\phi}{2}d\phi.$$

因此,

$$\int_0^\pi |w(\theta)|^p \; \sec^2 \frac{\theta}{2} d\theta = \int_0^\pi |w(\theta)|^{p-1} \; \sec^2 \frac{\theta}{2} \cdot \left|\frac{1}{\pi}\int_0^\pi HU(\phi)\sec^2\frac{\phi}{2}d\phi\right|d\theta$$

$$\leqslant \frac{1}{\pi}\int_0^\pi\int_0^\pi |w(\theta)|^{p-1}\left[(1+\xi^2)(1+\eta^2)\,|H|\left(\frac{\xi}{\eta}\right)^{1/p}\right]^{1/p'}$$

$$\times |U(\phi)|\left[(1+\xi^2)(1+\eta^2)\,|H|\left(\frac{\eta}{\xi}\right)^{1/p'}\right]^{1/p}d\theta d\phi,$$

但 $\dfrac{1}{p} + \dfrac{1}{p'} = 1$. 由赫尔德(Hölder)不等式,

$$\int_0^\pi |w(\theta)|^p \sec^2 \frac{\theta}{2} d\theta \le \frac{1}{\pi} J_1^{1/p'} J_2^{1/p}. \tag{7}$$

置 $\dfrac{\eta}{\xi} = t$ 而略事计算, 就得着

$$\int_0^\pi \left(\frac{\xi}{\eta}\right)^{1/p} |H| \sec^2 \frac{\phi}{2} d\phi = 2\int_0^\infty t^{-1/p+q/p} \left|\frac{t^\beta - 1}{t^2 - 1}\right| dt = C,$$

因为 $-p < q - 1 < p, C$ 是一有限数. 同时得着

$$\int_0^\pi \left(\frac{\eta}{\xi}\right)^{1/p'} |H| \sec^2 \frac{\theta}{2} d\theta = C.$$

由式可知

$$J_1 \le C\int_0^\pi |w(\theta)|^p \sec^2 \frac{\theta}{2} d\theta, \qquad J_2 \le C\int_0^\pi |U(\phi)|^p \sec^2 \frac{\phi}{2} d\phi.$$

与(7)相结合, 乃得

$$\int_0^\pi |w(\theta)|^p \sec^2 \frac{\theta}{2} d\theta \le C^p \int_0^\pi |U(\phi)|^p \sec^2 \frac{\phi}{2} d\phi.$$

这就是(6). 补助定理 1 证毕.

36. 关于幂级数的补助定理

补助定理 2 设 $F(z)$ 在 $|z| < 1$ 中是正则的, $g(\theta) \doteq F(e^{i\theta})$ 是 $F(z)$ 的境界函数. 设 $g(\theta) = \phi(t) + i\psi(t), q \ge 0, p > 1, 0 < k < 1$, 则

$$\int_{-\pi}^\pi |\psi(t+h) - \psi(t-h)|^p t^{-q} dt = O(h^{pk})$$

含有

$$\int_{-\pi}^\pi |F^{(j)}(re^{i\theta})|^p |\theta|^{-q} d\theta = O((1-r)^{kp-jp}),$$

但 $r \to 1 - 0; j = 1, 2, \cdots$.

所设关于 $\psi(t)$ 的条件是包含 $\psi(t) \in L^p(0,\pi)$ 的[①]. 故由里斯的不等式 $\phi(t) \in L^p(0,\pi)$. 因此, $g(\theta)$ 属于 $L^p(-\pi,\pi)$. 所以利用 M. 里斯和 F. 里斯著名的定理, [②] 得

$$F^{(j)}(re^{i\theta}) = \frac{j!}{2\pi} \int_{-\pi}^{\pi} \frac{g(t)e^{it}dt}{(e^{it} - re^{i\theta})^{1+j}} = \frac{j!}{2\pi} e^{-ji\theta} \int_{-\pi}^{\pi} \frac{g(\theta+t)e^{it}dt}{(e^{it} - r)^{1+j}},$$

$$0 = \frac{j!}{2\pi} e^{-ji\theta} \int_{-\pi}^{\pi} \frac{g(\theta+t)e^{jit}dt}{(1 - re^{it})^{1+j}} = \frac{j!}{2\pi} e^{-ji\theta} \int_{-\pi}^{\pi} \frac{g(\theta-t)e^{it}dt}{(e^{it} - r)^{1+j}},$$

因此,

$$F^{(j)}(re^{i\theta}) = \frac{j! e^{-ji\theta}}{2\pi} \int_{-\pi}^{\pi} \frac{[g(\theta+t) - g(\theta-t)]e^{it}dt}{(e^{it} - r)^{1+j}},$$

$$\left(\int_{-\pi}^{\pi} | F^{(j)}(re^{i\theta}) |^p | \theta |^{-q} \, d\theta \right)^{1/p}$$

$$\leqslant \frac{j!}{2\pi} \int_{-\pi}^{\pi} \frac{dt}{| e^{it} - r |^{1+j}} \left(\int_{-\pi}^{\pi} \frac{| g(\theta+t) - g(\theta-t) |^p \, d\theta}{| \theta |^q} \right).$$

显然我们可以假设 $F(0) = 0$. 偶函数——θ 的函数——$\psi(\theta+t) - \psi(\theta-t)$ 是 $-i(g(\theta+t) - g(\theta-t))$ 的实数部分. 其虚数部分, 由补助定理1, 适合

$$\int_0^\pi | \phi(\theta+t) - \phi(\theta-t) |^p \, \theta^{-q} d\theta = O(| t |^{pk}).$$

因此, 我们得到

$$\int_{-\pi}^{\pi} | g(\theta+t) - g(\theta-t) |^p | \theta |^{-q} \, d\theta = O(| t |^{pk}). \tag{8}$$

由是,

$$\left(\int_{-\pi}^{\pi} | F^{(j)}(re^{i\theta}) |^p \cdot | \theta |^{-q} \, d\theta \right)^{1/p} = O\left(\int_{-\pi}^{\pi} \frac{| t |^k \, dt}{| e^{it} - r |^{1+j}} \right) = O((1-r)^{k-j}).$$

补助定理 2 证毕.

从上面的议论, 我们可以记述如下的结果:

补助定理 3　设在 $| z | < 1$ 中的正则函数 $F(z)$ 的境界函数

① Hardy-Littlewood [9].

② M. Riesz-F. Riesz [1].

$$g(\theta) = F(e^{i\theta})$$

满足条件(8)，则当 $p > 1, 0 < k < 1, q \geqslant 0$ 时，下式成立：

$$\left(\int_{-\pi}^{\pi} | F^{(j)}(re^{i\theta}) |^p \cdot | \theta |^{-q} \, d\theta \right)^{1/p} = O((1-r)^{k-j}), \quad j = 1, 2, \cdots. \tag{9}$$

若 $q = 0$，则(9)含有(8)。

补助定理 4 若 $p > 1, 0 < k < 1, z = e^{i\theta}, F(z)$ 在 $|z| < 1$ 中是正则的，当某一正整数 j，关系

$$\int_{-\pi}^{\pi} | F^{(j)}(z) |^p \, d\theta = O((1-r)^{kp-jp})$$

成立，则境界函数 $g(\theta) = F(e^{i\theta})$ 满足

$$\int_{-\pi}^{\pi} | g(\theta+t) - g(\theta-t) |^p \, d\theta = O(| t |^{pk}).$$

事实上，当 $j > 1$ 时，记 $w = \rho e^{i\theta}$ 的话，

$$\left(\int_{-\pi}^{\pi} | F^{(j-1)}(z) |^p \, d\theta \right)^{1/p} = \left(\int_{-\pi}^{\pi} d\theta \left| \int_0^z (F^{(j)}(w) + z^{-1} F^{(j-1)}(0)) dw \right| \right)^{1/p}$$

$$\leqslant \int_0^r \left(\left[\int_{-\pi}^{\pi} | F^{(j)}(w) + z^{-1} F^{(j-1)}(0) |^p \, d\theta \right]^{1/p} \right) d\rho$$

$$= O\left(\int_0^r (1-\rho)^{k-j} d\rho \right) = O((1-r)^{k-j+1}).$$

因此，证明归到 $j = 1$ 的时候．但是当 $j = 1$ 时，这是已知的定理[1]．

补助定理 5 设 $p > 1, 0 < k < 1, 0 \leqslant q \leqslant 1-k$．设 $F(z) = \sum c_n z^n$，$z = re^{i\theta}$，在单位圆中是正则的．假如对于某一正整数 j，能使

$$\int_{-\pi}^{\pi} \frac{| F^{(j)}(z) |^p \, d\theta}{| 1 - z |^q} = O((1-r)^{kp-jp})$$

成立，则此关系对于任何正整数 j 都成立．

事实上，当 $j > 1$ 时，假如上式成立，则设 $w = \rho e^{i\theta}$ 的话，

---

[1] Hardy-Littlewood [7], 定理 3.

$$\left(\int_{-\pi}^{\pi} \frac{|F^{(j-1)}(z)|^p \, d\theta}{|1-z|^q}\right)^{1-r} = \left(\int_{-\pi}^{\pi} \frac{d\theta}{|1-z|^q}\left|\int_0^z (F^{(j)}(w) + z^{-1}F^{(j-1)}(0))dw\right|^p\right)^{1/p}$$

$$\leqslant \int_0^r \left(\frac{1-\rho}{1-r}\right)^q \left(\int_{-\pi}^{\pi} \frac{|F^{(j)}(w)|^p \, d\theta}{|1-w|^q}\right)^{1/p} d\rho + O(1-r)^{-q}$$

$$= O((1-r)^{k-j+1}).$$

另一方面, 写 $z = re^{i\theta}, w = \sqrt{r}e^{i\phi}$, 则

$$F^{(j+1)}(z) = \frac{1}{2\pi}\int_{-\pi}^{\pi} \frac{F^{(j)}(w)wd\phi}{(w-z)^2} = \frac{1}{2\pi}\int_{-\pi}^{\pi} \frac{F^{(j)}(we^{i\theta})we^{-i\theta}d\phi}{(w-r)^2}.$$

注意到

$$\left|\frac{1-we^{i\theta}}{1-z}\right|^q = O(1) + O\left(\frac{|\phi|^q}{(1-r)^q}\right),$$

就得

$$\left(\int_{-\pi}^{\pi} \frac{|F^{(j+1)}(z)|^p \, d\theta}{|1-z|^q}\right)^{1/p} \leqslant \int_{-\pi}^{\pi} \frac{d\phi}{|w-r|^2}\left(\int_{-\pi}^{\pi}\left|\frac{1-we^{i\theta}}{1-z}\right|^q \frac{|F^{(j)}(we^{i\theta})|^p \, d\theta}{|1-we^{i\theta}|^q}\right)^{1/p}$$

$$= \int_{-\pi}^{\pi} \frac{O((1-r)^{k-j})d\phi}{|w-r|^2} + \int_{-\pi}^{\pi} O((1-r)^{k-j-q/p})\frac{|\phi|^{q/p} \, d\phi}{|w-r|^2}$$

$$= O((1-r)^{k-j-1}).$$

补助定理 5 证毕.

5.2　幂级数的求和

37. 写 $(\alpha)_0 = 1, (-1)_n = 0$, 当 $n > 0$ 时,

$$(\alpha)_n \frac{\Gamma(n+\alpha+1)}{\Gamma(n+1)\Gamma(\alpha+1)}.$$

置

$$(\alpha)_n \sigma_n^\alpha = \sum_{v=0}^n (\alpha)_{n-v}c_v, \quad \tau_n^\alpha = n(\sigma_n^\alpha - \sigma_{n-1}^\alpha) = \frac{1}{(\alpha)_n}\sum_{v=0}^n (\alpha-1)_{n-v}vc_v,$$

但 $\alpha > -1$. 当级数 $\sum n^{-1} \tau_n^\alpha$ 绝对收敛时，称级数 $\sum c_n$ 可用 $|C, \alpha|$ 平均法求和.

定理 4 的证明　从恒等式 $\sum (\alpha)_n \tau_n^\alpha z^n = zF'(z)(1-z)^{-\alpha}$，得

$$\sum_{n=0}^\infty \tau_n^\alpha z^{n+\alpha} = \int_0^z (z-w)^\alpha \frac{d}{dw}(wF'(w)(1-w)^{-\alpha})dw = I_1 + I_2 + I_3, \tag{1}$$

但 $z = re^{i\theta}, w = \rho e^{i\theta}, 0 \leqslant \rho \leqslant r < 1$,

$$I_1 = \int_0^z (z-w)^\alpha (1-w)^{-\alpha} F'(w)dw,$$

$$I_2 = \int_0^z (z-w)^\alpha w(1-w)^{-\alpha} F''(w)dw,$$

$$I_3 = \int_0^z (z-w)^\alpha \alpha w(1-w)^{-\alpha-1} F'(w)dw.$$

当证明时，我们可以假设 $p \leqslant 2$. 事实上，若 $p > 2$，则有如下的 η：

$$1 - 2k < \eta < \frac{p + 2q - 2}{p}.$$

由赫尔德不等式,

$$\left(\int_{-\pi}^\pi \frac{|F^{(j)}(z)|^2 \, d\theta}{|1-z|^\eta}\right)^{1/2} \leqslant \left(\int_{-\pi}^\pi |1-z|^Q \, d\theta\right)^{(p-2)/2p} \left(\int_{-\pi}^\pi \frac{|F^{(j)}(z)|^p \, d\theta}{|1-z|^q}\right)^{1/p},$$

但 $Q = \dfrac{2q - \eta p}{p - 2} > -1$，因此上式等于 $O((1-r)^{k-j})$. 此时 $\alpha_0 = \dfrac{1}{p} - k$. 我们对于适合 $\dfrac{1}{p} - k < \alpha < \dfrac{q}{p}$ 的 α 来证明定理好了[1]. 由是

$$\left(\int_{-\pi}^\pi |I_2|^p \, d\theta\right)^{1/p} = \left(\int_{-\pi}^\pi d\theta \left|\int_0^z (z-w)^\alpha w(1-w)^{-\alpha} F''(w)dw\right|^p\right)^{1/p}$$

$$\leqslant 2 \int_0^r (r-\rho)^\alpha \left(\int_{-\pi}^\pi \frac{|F''(w)|^p \, d\theta}{|1-w|^q}\right)^{1/p} d\rho$$

$$= O\left(\int_0^r (r-\rho)^\alpha (1-\rho)^{k-2} d\rho\right).$$

---

① Kogbetliantz [2].

此由于补助定理 5. 由分离积分,

$$\int_0^r (r-\rho)^\alpha (1-\rho)^{k-2} d\rho = \frac{r^{\alpha+1}}{1+\alpha} + \frac{2-k}{1+\alpha} \int_0^r (r-\rho)^{\alpha+1}(1-\rho)^{k-3} d\rho$$

$$\leqslant \frac{1}{1+\alpha} + \frac{2-k}{1+\alpha} \int_0^r (1-\rho)^{\alpha+k-2} d\rho.$$

由是

$$\int_{-\pi}^{\pi} |I_j|^p d\theta = O((1-r)^{\alpha p + kp - p}) \tag{2}$$

当 $j=2$ 时成立. 此式当 $j=1$ 时也成立. 因为上面的议论可以施行于 I_1. 又由

$$(1-w)^{-\alpha-1} = O((1-\rho)^{-1} |1-w|^{-q/p})$$

得

$$\left(\int_{-\pi}^{\pi} |I_3|^p d\theta \right)^{1/p} = O\left(\int_0^r (r-\rho)^\alpha (1-\rho)^{-1} \cdot (1-\rho)^{k-1} d\rho \right).$$

所以(2)当 $j=3$ 时也成立. 从(1)与(2)得

$$\mu(p) = \left(\int_{-\pi}^{\pi} \left| \sum_1^\infty \tau_n^\alpha z^n \right|^p d\theta \right)^{1/p} = O((1-r)^{\alpha+k-1}). \tag{3}$$

$\mu(p)$ 是 p 的增加函数. 因此 $\mu(\min(p,2)) = O((1-r)^{\alpha+k-1})$. 写

$$P = \frac{\min(p,2)}{\min(p,2)-1},$$

则由豪斯多夫(Hausdorff)的不等式,

$$\Sigma |\tau_n^\alpha r^n|^p = O((1-r)^{\alpha P + kP - P}).$$

置 $r = 1 - \dfrac{1}{n}$, 则得

$$\sum_1^n |\tau_n^\alpha|^P = O(n^{P-\alpha P - kP}).$$

因此, $\sum n^{-1} \tau_n^a$ 是一绝对收敛的级数. 定理 4 证毕.

系 设 $p > 1, 0 < kp \leq 1, \alpha > \alpha_0, z = re^{i\theta}, F(z) = \sum c_n z^n$，则 34 中的(11)含有级数 $\sum c_n e^{in\theta}$ 的 $|C, \alpha|$ 可求和性.

当证明时，我们可以假设 $\theta = 0$. 设 $1 - pk < q < 1$，

$$H = \sqrt{(1-r)^2 + \phi^2},$$

则

$$\int_0^{1-r} H^{-q-2} \phi d\phi = O((1-r)^{-q}), \quad \int_{1-r}^{\pi} H^{-q-2} \phi^2 d\phi = O(1).$$

因此，

$$\int_0^{\pi} |F'(z)|^p H^{-q} d\phi = G(r, \pi)(H(\pi))^{-q} + q\left(\int_0^{1-r} + \int_{1-r}^{\pi}\right) G(r, \phi) H^{-q-2} \phi d\phi$$

$$= O((1-r)^{pk-p}) + O(G(r, (1-r)(1-r)^{-q})) = O((1-r)^{pk-p}).$$

同样的议论可以施行于

$$\int_{-\pi}^0 |F'|^p H^{-q} d\phi.$$

因此

$$\int_{-\pi}^{\pi} |F'|^p H^{-q} d\phi = O((1-r)^{pk-p}).$$

此式包含定理 4 中的条件(9)，故由定理 4，得系.

定理 5 设 $p > 1, 0 < k < 1, \alpha > \alpha_0$. 假如 $F(z) = \sum c_n z^n (z = re^{i\theta})$ 满足条件——对于某一 j，

$$\int_{-\pi}^{\pi} |F^{(j)}(z)|^p d\theta = O((1-r)^{kp-jp}), \tag{4}$$

则求和关系

$$\sum c_n e^{ni\theta} = F(e^{i\theta}) |C, \alpha|$$

在 $F(z)$ 的正则点 $e^{i\theta}$ 成立.

由于定理 4，我们只要对于 $pk \leq 1$ 时来证明好了. 并且我们可以假设 $\theta = 0$. 因此 $z = 1$ 是函数

$$G(z) = c_0 + (c_1 - F'(1))z + \cdots = F(z) - F'(1)z$$

的 $G'(z)$ 之一零点，所以当 $z \to 1$ 时，$G'(z) = O(|1-z|)$. 而由(4)与补助定理 5，得

$$\int_{-\pi}^{\pi} \frac{|G'(z)|^p \, d\theta}{|1-z|} = O((1-r)^{pk-p}).$$

由定理 4，级数 $c_0 + (c_1 - F'(1)) + (c_2 - F'(1)) + \cdots$ 可用 $|C, \alpha|$ 求和法求和，$\alpha > \alpha_0$. 定理 5 证毕.

5.3　负阶切萨罗求和的判定法

38. 定理 3 的证明　设 $\sum A_n(t)$ 是一傅里叶级数，其所对应的函数是 $f(t)$. 写 $z = re^{i\theta}$，

$$\sum A_n(x)z^n = F(z),$$

则奇函数 $\psi(t)$ 是 $F(z)$ 之境界函数的虚数部分. 由补助定理 2，条件

$$\int_{-\pi}^{\pi} |F^{(j)}(re^{i\theta})|^p |\theta|^{-q} \, d\theta = O((1-r)^{kp-jp})$$

成立. 因此 34 中的(9)成立. 由定理 4，当 $\alpha > \alpha_0$ 时，$\sum A_n(x)$ 可用 $|C, \alpha|$ 求和法求和.

要完成定理 3 的证明，我们用得着下面的

补助定理 6　设级数 $\sum A_n$ 可用切萨罗求和法求和. 假如有 $p > 1$ 使

$$\sum_{v=1}^{n} |vA_v|^p = O(n),$$

那么 $\sum A_n$ 可用求和法 $\left(C, \dfrac{1}{p} - 1 + \delta\right)$ 求和，但 $\delta > 0$.

这是已知的定理[1].

补助定理 7　设 $\alpha > -1, \beta > -1, \alpha + \beta > -1$，

$$\tau_n^\alpha = \frac{1}{(\alpha)_n} \sum_{v=1}^{n} (\alpha-1)_{n-v} v A_v.$$

---

① Hardy-Littlewood [7]，补助定理 2.

假如级数 $\sum n^{-1}\tau_n^\alpha$ 可用 (C,β) 求和法求和，那么级数 $\sum A_n$ 可用 $(C,\alpha+\beta)$ 求和法求和.

这是豪斯多夫(Hausdorff)的定理[①]. 于 37 的等式(1)，置 $\alpha=\dfrac{1}{p}-k$，

$$\tau_n^\alpha = \frac{1}{(\alpha)_n}\sum_{v=1}^n(\alpha-1)_{n-v}A_v(x),$$

则由定理 4，得

$$\int_{-\pi}^{\pi}|\sum\tau_n^\alpha z^n|^p\,d\theta = O((1-r)^{1-p}).$$

若 $p\leqslant 2$ 则由豪斯多夫的不等式，

$$\sum_{n=1}^{\infty}|\tau_n^\alpha r^n|^{p/(p-1)}= O\left(\frac{1}{1-r}\right).$$

取 $r=1-\dfrac{1}{n}$，乃得

$$\sum_{v=1}^n|\tau_n^\alpha|^{p/(p-1)}= O(n).$$

因此，级数 $\sum n^{-1}\tau_n^\alpha$ 满足补助定理 6 中诸条件，故当 $\delta>0$ 时，级数 $\sum A_n(x)$ 可用 (C,β) 求和法求和，但 $\beta>\dfrac{1}{p}-1$. 所以由补助定理 7，可用求和法 (C,γ) 求级数 $A_n(x)$ 的和，但

$$\gamma = \frac{p-1}{p}-1+\delta\left(\frac{1}{p}-k\right) = \delta-k,\quad \delta>0.$$

若 $p>2$，则取如下的 $\eta:1-2k<\eta<(p+2q-2)/p$，且置

$$Q = \frac{2q-\eta p}{p-2},$$

则 $Q>\dfrac{2-p}{p-2}=-1$. 由赫尔德不等式

---

① Hausdorff [2].

$$\int_0^\pi |\psi(t+h) - \psi(t-h)|^2 \ t^{-\eta} dt$$

$$\leqslant \left(\int_0^\pi t^Q dt \right)^{(p-2)/p} \times \left(\int_{-\pi}^\pi |\psi(t+h) - \psi(t-h)|^p \ t^{-q} dt \right)^{2/p}.$$

由 34 的(6)，得

$$\int_0^\pi |\psi(t+h) - \psi(t-h)|^2 \ t^{-\eta} dt = O(h^{2k}),$$

$$\eta + 2k > 1.$$

定理证毕.

5.4　齐革蒙特定理之一拓广

39. 我们现在证明定理 2. 但是我们的证明方法能够建立下面更一般的结果：

定理 6　设 $f(\theta) \sim \sum A_n(\theta), 1 \leqslant p_1 \leqslant 2 \leqslant p_2, 0 < k_1 \leqslant 1, 0 < k_2 \leqslant 1,$ 且

$$1 \leqslant \min(k_1 p_1, k_2 p_2) < \max(k_1 p_1, k_2 p_2).$$

若

$$\int_{-\pi}^\pi |f(x+h) - f(x-h)|^p \ dx = O(h^{pk})$$

对于 $p = p_j, k = k_j (j = 1, 2,)$ 成立，则 $\sum A_n(\theta)$ 可用 $|C, \alpha|$ 平均法求和，但 $\alpha > \dfrac{1}{2} - \kappa$，

$$\kappa = \frac{k_1 p_1 (p_2 - 2) + k_2 p_2 (2 - p_1)}{2(p_2 - p_1)}.$$

若 $\beta > -\kappa$，则 $\sum A_n(\theta)$ 可用 (C, β) 平均法求和.

由假设及 κ 的定义，知 $\kappa > \dfrac{1}{2}$. 当 $p_1 = k_1 = 1$ 或 $p_2 \to \infty$ 及 $p_1 k_1 = 1$ 时，我们得到齐革蒙特定理的拓广定理(关于绝对收敛)，也得到哈代-李特尔伍德定理[①]的拓广. 哈代-李特尔伍德定理是齐革蒙特定理的拓广. 设 $p_1 = k_1 = 1, p_2 \to \infty$，则定理 6 化为定理 2，因为有界变差函数的特征是

---

① Hardy-Littlewood [10].

$$\int_{-\pi}^{\pi} | f(x+h) - f(x-h) |dx = O(h).$$

简写 $\Delta = | f(\theta+h) - f(\theta-h) |$ ，则

$$\int \Delta^2 d\theta \leqslant \left(\int \Delta^{p_1} d\theta \right)^{\frac{p_2-2}{p_2-p_1}} \cdot \left(\int \Delta^{p_2} d\theta \right)^{\frac{2-p_1}{p_2-p_1}}.$$

从此式与(4)，得到

$$\int_{-\pi}^{\pi} | f(\theta+h) - f(\theta-h) |^2 \, d\theta = O(h^{2\kappa}).$$

这是(4)的凸性. 由定理 3 即得所要的结果.

5.5 再论负阶切萨罗绝对求和[1]

40. 设级数 $\sum_{n=0}^{\infty} a_n$ 的 α 阶第 n 切萨罗平均值是 σ_n^{α} :

$$\sigma_n^{\alpha} = \frac{1}{(\alpha)_n} \sum_{v=0}^{n} (n-v)_{n-v} \alpha_v, \quad (\alpha_n) = \frac{\Gamma(n+\alpha+1)}{\Gamma(n+1)\Gamma(\alpha+1)}, \quad \alpha > -1.$$

置 $\sigma_{-1}^{\alpha} = 0$ ，则当级数 $\sum | \sigma_n^{\alpha} - \sigma_{n-1}^{\alpha} |$ 收敛时，称级数 $\sum a_n$ 可用平均法 (C, α) 绝对的求和. 此时，$\lim \sigma_n^{\alpha}$ 必存在，设 $\sigma_n^{\alpha} \to s$ ，则以

$$\sum_{n=0}^{\infty} a_n = s \, | \, C, \alpha \, |$$

表示 $\sum a_n$ 可用 (C, α) 绝对的求和，或是说:可用 $| C, \alpha |$ 求和. 特别，$\sum a_n = s | C, 0 |$ ，就是表示 $\sum a_n = s$ 和 $\sum | a_n | < \infty$.

补助定理 1 若 $\alpha > -1$ ，则当 $\sum a_n = s | C, \alpha |$ 时，

$$\sum a_n = s \, | \, C, \alpha + \varepsilon \, |,$$

但 ε 表示任意的正数.

这个重要的定理，是考革贝脱良兹所首先建设的[2]，但是他的证明限于 $\alpha \geqslant 0$ 时有效. 当 $-1 < \alpha < 0$ 时，下文给它一个证明.

[1] K. K. Chen [15].
[2] Kogbetliantz [1], [2].

我们不妨假设 $\varepsilon < 1$. 置 $\alpha + \varepsilon = \beta$，由阿贝尔(Abel)变换，

$$(\beta)_n \sigma_n^\beta = \sum_{v=0}^n (\varepsilon - 1)_{n-v} (\alpha)_v \sigma_v^\alpha$$

$$= \sum_{v=0}^{n-1} (\sigma_v^\alpha - \sigma_{v+1}^\alpha) \sum_{\mu=0}^v (\alpha)_\mu (\varepsilon - 1)_{n-\mu} + \sigma_n^\alpha (\beta)_n.$$

因此，

$$\sigma_n^\beta - \sigma_{n-1}^\beta = \frac{(\alpha)_n}{(\beta)_n} (\sigma_n^\alpha - \sigma_{n-1}^\alpha) + \sum_{v=0}^{n-2} (\sigma_v^\alpha - \sigma_{v+1}^\alpha)(n, v),$$

其中

$$(n, v) = \sum_{\mu=0}^v (\alpha)_\mu \left\{ \frac{(\varepsilon - 1)_{n-\mu}}{(\beta)_n} - \frac{(\varepsilon - 1)_{n-\mu-1}}{(\beta)_{n-1}} \right\} = (n, v)_1 + (n, v)_2,$$

$$(n, v)_1 = \frac{1 + \alpha}{1 - \varepsilon} \frac{1}{(\beta)_{n-1}} \sum_{\mu=0}^v (\alpha)_\mu (\varepsilon - 2)_{n-\mu},$$

$$(n, v)_2 = \frac{\beta(\alpha + 1)}{(\varepsilon - 1)(\beta + 1)(\beta + 1)_{n-1}} \sum_{\mu=0}^v (\alpha + 1)_\mu (\varepsilon - 2)_{n-\mu}.$$

若 $N > 2$，则

$$\sum_{n=1}^N \left| \sigma_n^\beta - \sigma_{n-1}^\beta \right| \leqslant \sum_{n=1}^N \frac{(\alpha)_n}{(\beta)_n} \left| \sigma_n^\alpha - \sigma_{n-1}^\alpha \right| + \sum_{n=2}^N \sum_{v=0}^{n-2} \left| (\sigma_n^\alpha - \sigma_{n-1}^\alpha)(n, v) \right|.$$

因 $(\alpha)_n < (\beta)_n$，故右方第一项是 $O(1)$. 末项等于

$$\sum_{v=0}^{N-2} \left| \sigma_v^\alpha - \sigma_{v+1}^\alpha \right| \sum_{n=v+2}^N |(n, v)|.$$

由是证明 $\sum_{v+2}^N |(n, v)|$ 关于 N 与 v 是均匀有界好了.

存在着常数 K 适合于

$$\sum_{n=2v+1}^N |(n, v)_1| < K \sum_{n=2v+1}^N n^{-\beta} \cdot n^{\varepsilon-2} \sum_{\mu=0}^v (\alpha)_n$$

$$= K(\alpha + 1)_v \sum_{n=2v+1}^N n^{-2-\alpha} = O(1),$$

关于 N 和 v 是均匀的. 若 $v+2 \leqslant n \leqslant 2v$, 则因 $(\beta)_{n-1} = O(v^\beta)$,

$$\sum_{n=v+2}^{2v} \sum_{\mu=0}^{v} (\alpha)_\mu \left| (\varepsilon - 2)_{n-\mu} \right| = -\sum_{n=v+2}^{2v} \sum_{\mu=0}^{v} (\alpha)_\mu (\varepsilon - 2)_{n-\mu}$$

$$= -\sum_{\mu=0}^{v} (\alpha)_\mu \sum_{n=v+2}^{2v} (\varepsilon - 2)_{n-\mu}$$

$$= \sum_{\mu=0}^{v} (\alpha)_\mu \left[(\varepsilon - 1)_{v-\mu+1} - (\varepsilon - 1)_{2v-\mu} \right].$$

此小于 $\sum\limits_{\mu=0}^{v} (\alpha)_\mu (\varepsilon - 1)_{v-\mu} = (\beta)_v$. 因此

$$\sum_{n=v+2}^{2v} \frac{1}{(\beta)_{n-1}} \sum_{\mu=0}^{v} (\alpha)_\mu (\varepsilon - 2)_{n-\mu} = O(v^{-\beta})(\beta)_v = O(1).$$

所以

$$\sum_{n=v+1}^{\infty} \left| (n,v)_1 \right| = O(1).$$

同样可证 $\sum\limits_{n=v+1}^{\infty} \left| (n,v)_2 \right| = O(1)$. 补助定理 1 证毕.

这样, $|C, \alpha|, \alpha < 0$ 的求和法是 "强于" 绝对收敛. 现在我们要研讨负阶的绝对切萨罗求和. 为此先定

$$[\chi(t)]_0 = \chi(t) \in L(0, t_0),$$

$$[\chi(t)]_\alpha = \frac{\alpha}{t^\alpha} \int_0^t (t-u)^{\alpha-1} \chi(u) du \quad (\alpha > 0, t > 0).$$

置 $[\chi(t)]_\alpha = \Gamma(1+\alpha) t^{-\alpha} (\chi(t))_\alpha$. 哈代老早证明[1]当 $0 < \alpha < 1$ 时 $[\chi(t)]_\alpha$ 是几乎处处有意义的. 若 $\alpha < 0$, 则 $[\chi(t)]_\alpha$ 的存在需要更多的条件.

定理 1　设 $-1 < -\alpha < 0, q \geqslant \alpha$. 假如在定点 x , 函数

$$t^{-q} [t^q \phi(t)]_{-\alpha} \quad (0 \leqslant t \leqslant \pi)$$

是有界变差, 则 $\beta > -\alpha$ 时, f 的傅里叶级数在 x 可用 $|C, \beta|$ 平均法求和.

当证明时, 为便利起见, 建立如下的三个补助定理.

---

① Hardy [2].

补助定理 2　设函数列 $\dfrac{2}{\pi}\sin nt, n=0,1,2,\cdots$ 的 α 阶第 n 切萨罗平均值为 $g^{a}(n,t)$.
若 $-1<\beta<0$，则[①]

$$|\,g^{\beta}(n,t)\,|\leqslant Ant(1+nt)^{-1-\beta}\quad (t>0).$$

事实上，

$$g^{\beta}(n,t)=\frac{2}{\pi}\frac{1}{(\beta)_{n}}\sum_{v=0}^{n}(\beta-1)_{n-v}\sin vt.$$

由阿贝尔的变换，

$$\sum_{v=0}^{n}(\beta-1)_{n-v}\sin vt=\sum_{v=0}^{n-1}(\beta)_{v}\Delta\sin(n-v)t$$

$$=-2\sin\frac{t}{2}\sum_{v=0}^{n-1}(\beta)_{v}\cos\left(n-v-\frac{1}{2}\right)t.$$

其绝对值小于或等于 $tn^{1-\beta}$ 的常数倍. 故定理当 $nt\leqslant 1$ 时成立. 要完成定理的证明，写

$$\sum_{v=0}^{n}(\beta-1)_{n-v}\sin vt=\left(\sum_{vt\leqslant 1}+\sum_{vt>1}\right)(\beta-1)_{v}\sin(n-v)t.$$

若 $nt>1$，则

$$\left|\sum_{vt>1}(\beta-1)_{v}\sin(n-v)t\right|\leqslant\sum_{v>1/t}^{\infty}|\,(\beta-1)_{v}\,|\leqslant At^{-\beta},$$

$$\sum_{vt\leqslant 1}(\beta-1)_{v}\sin(n-v)t=-2\sin\frac{t}{2}\sum_{vt\leqslant 1}(\beta)_{v}\cos\left(n-v-\frac{1}{2}\right)t+O(t^{-\beta})$$

$$=O(t^{-\beta}).$$

所以 $g^{\beta}(n,t)=O(nt)^{-\beta}$. 补助定理 2 证毕.

从补助定理 2 的证明，得着如下的结果：

补助定理 3　若 $-1<\beta<0, nt\geqslant 1$，则关系

[①] 当 $\alpha\geqslant 0$ 时，$g^{\alpha}(n,t)=O(1+nt)^{-\alpha}+O(1+nt)$. 见 Obreschkoff [1].

$$\frac{1}{(\beta)_n} \sum_{vt \leqslant 1}^{\mu} (\beta - 1)_v \sin(n - v)t = O(nt)^{-\beta}$$

在 $\frac{1}{t} \leqslant \mu \leqslant n$ 中均匀的成立.

补助定理 4 设 $-1 < -\alpha < \beta < 0, 1 + q > \alpha - \beta$,

$$Z_\beta(w) = \int_0^w u^{q-\alpha} \int_u^\pi (t - u)^{\alpha-1} t^{-q} \frac{d}{dt} g^\beta(n,t) dt du.$$

若 $0 < w \leqslant \pi$, 则

$$|z_\beta(w)| \leqslant (nw)^{-\beta}(1 + nw)^{-\alpha}.$$

易知 $Z_\beta(\pi) = 0$ (见补助定理 2 的证明). 因此

$$Z_\beta(w) = -\int_w^\pi \frac{d}{dt} g^\beta(n,t) \int_{w/t}^1 v^{q-\alpha}(1 - v)^{\alpha-1} dv dt$$

$$= w^{1+q-\alpha} \int_w^\pi (t - w)^{\alpha-1} t^{-1-q} g^\beta(n,t) dt.$$

置

$$g^\beta(n,t) = g_1(n,t) + g_2(n,t),$$

$$(\beta)_n g_1(n,t) = \sum_{v=0}^{[n/2]} (\beta - 1)_v \sin(n - v)t.$$

先行假设 $nw \geqslant 2$. 置

$$Z_\beta^j(w) = w^{1+q-\alpha} \int_w^\pi (t - w)^{\alpha-1} t^{-1-q} g_j(n,t) dt \quad (j = 1, 2).$$

由补助定理 3,

$$w^{1+q-\alpha} \int_w^{w+1/n} (t - w)^{\alpha-1} t^{-1-q} g_1(n,t) dt$$

$$= w^{1+q-\beta} O(nw)^{-\beta} \int_w^{w+1/n} (t - w)^{\alpha-1} t^{-1-q} dt = O(nw)^{-\alpha-\beta}.$$

由第二中值定理, 有如下的 $w_1, w < w_1 < 2w$,

$$w^{1+q-\alpha} \int_{w+1/n}^{2w} (t - w)^{\alpha-1} t^{-1-q} g_1(n,t) dt = O(n)(nw)^{-\alpha} \int_{w+1/n}^{w_1} g_1(n,t) dt.$$

最后的积分

$$\int_{w+1/n}^{w_1} g_1(n,t)dt = \frac{1}{(\beta)_n}\left[\sum_{v=0}^{n/2}(\beta-1)_v\frac{-\cos(n-v)t}{n-v}\right]_{w+1/n}^{w_1},$$

而对于其中的和——$v \leqslant \dfrac{n}{2}$,

$$\sum(\beta-1)_v\frac{\cos(n-v)t}{n-v} = \sum_{vt>1}(\beta)_v\Delta\frac{\cos(n-v)t}{n-v} + O(n^{-1}t^{-\beta}).$$

由于 $\beta < 0$,

$$\sum_{vt>1}(\beta-1)_v\frac{\cos(n-v)t}{n-v} = O(n^{-1}t^{-\beta}).$$

所以

$$w^{1+q-\alpha}\int_{w+1/n}^{2w}(t-w)^{\alpha-1}t^{-1-q}g_1(n,t)dt = O(nw)^{-\alpha-\beta}.$$

对于 $\int_{2w}^{\pi}\cdots dt$, 施行分离积分, 与上同样, 证得

$$w^{1+q-\alpha}\int_{2w}^{\pi}(t-w)^{\alpha-1}t^{-1-q}g_1(n,t)dt = O(nw)^{-1-\beta}.$$

总结以上的结果, 乃得 $Z_\beta^1(w) = O(nw)^{-\alpha-\beta}(nw \geqslant 1)$.

现在估计 $Z_\beta^2(w)$:

$$Z_\beta^2(w) = \int_w^\pi t^{-q}\frac{dg_2}{dt}\int_0^w u^{q-\alpha}(t-u)^{\alpha-1}dudt$$
$$+ \int_0^w t^{-q}\frac{dg_2}{dt}\int_0^t u^{q-\alpha}(t-u)^{\alpha-1}dudt.$$

这是由于 $g_2(n,t)$ 当 $t(t-\pi) = 0$ 时为 0, 所以由分离积分,

$$z_\beta^2(w) = \int_0^w u^{q-\alpha}\int_u^\pi (t-u)^{\alpha-1}t^{-q}\frac{d}{dt}g_2(n,t)dtdu,$$

由是得上面的结果. 上式的第二项是积分

$$\int_0^w \frac{dg_2}{dt}\, dt = g_2(n, w)$$

的常数倍，而由于 $(\beta - 1)_{n-v}$ 关于 v 是一增加函数，所以

$$\begin{aligned}
g_2(n, w) &= \frac{1}{(\beta)_n} \sum_{2v < n} (\beta - 1)_{n-v} \sin vw \\
&= \frac{1}{(\beta)_n} O(n^{\beta-1}) \max_{\mu} |\sin w + \sin 2w + \cdots + \sin \mu w| \\
&= O(nw)^{-1}.
\end{aligned}$$

又由第二中值定理，

$$\int_w^\pi \frac{dg_2}{dt} \int_0^{w/t} v^{q-\alpha}(1-v)^{\alpha-1} dv dt = B(\alpha, 1+q-\alpha) \int_w^b \frac{dg_2}{dt}\, dt = O(nw)^{-1}.$$

结合上面的结果，得到

$$z_\beta(w) = z_\beta^1(w) + z_\beta^2(w) = O(nw)^{-\alpha-\beta}, \quad nw \geqslant 2.$$

其次假设 $nw < 2$．利用补助定理 1，

$$\begin{aligned}
w^{1+q-\alpha} \int_w^{2w} (t-w)^{\alpha-1} t^{-1-q} g^\beta(n,t) dt &= w^{1+q-\alpha} \int_w^{2w} (t-w)^{\alpha-1} t^{-1-q} O(nw) dt \\
&= w^{-\alpha} \int_w^{2w} (t-w)^{\alpha-1} O(nw) dt = O(nw).
\end{aligned}$$

由补助定理 2，$g^\beta(n,t) = O(nt)^{-\beta} (t > 0)$．因此，

$$\begin{aligned}
w^{1+q-\alpha} \int_{2w}^\pi (t-w)^{\alpha-1} t^{-1-q} g^\beta(n,t) dt &= O(n^{-\beta}) w^{1+q-\alpha} \int_{2w}^\pi (t-w)^{\alpha-1} t^{-1-q-\beta} dt \\
&= O(nw)^{-\beta} \int_2^{\pi/w} (v-1)^{\alpha-1} v^{-1-q-\beta} dv \\
&= O(nw)^{-\beta}.
\end{aligned}$$

因 $\alpha - \beta < 1 + q$，最后的积分是收敛的．由是得到

$$z_\beta(w) = O(nw)^{-\beta}, \quad nw \leqslant 2.$$

补助定理 4 证明完毕．

定理 1 的证明 由假设，$t^{q-\alpha}$ 和函数

$$\psi(t) = t^{-q}[t^q\phi(t)]_{-\alpha} = \frac{1}{\Gamma(1-\alpha)}t^{\alpha-q}\frac{d}{dt}\int_0^t \frac{u^q\phi(u)du}{(t-u)^\alpha}$$

在 $(0,\pi)$ 中都是有界变差. 所以它们的乘积

$$t^{q-\alpha}\psi(t) = \frac{d}{dt}\int_0^t \frac{u\phi(u)du}{(t-u)^\alpha} = \Gamma(1-\alpha)(t^q\phi(u))_{-\alpha}$$

在区间 $(0,\pi)$ 中是有界的. 由 30 的补助定理 1, 等式

$$\phi(t) = t^{-q}((t^q\phi(t))_{-\alpha})_\alpha$$

几乎处处成立.

设数列

$$\frac{2}{\pi}\int_0^\pi \phi(t)\frac{d}{dt}\sin nt\, dt \text{ 与 } \frac{1}{\pi}\int_0^\pi \phi(t)\cos nt\, dt$$

的 β 阶第 n 切萨罗平均数分别记作 r_n^β 和 σ_n^β , 那么,

$$\sigma_n^\beta - \sigma_{n-1}^\beta = n^{-1}r_n^\beta.$$

假设 $-1 < -\alpha < \beta < 0$. 我们要证 $\sum |\, n^{-1}r_n^\beta\,| < \infty$. 因

$$r_n^\beta = \int_0^\pi \phi(t)\frac{d}{dt}g^\beta(n,t)dt = \int_0^\pi t^{-q}((t^q\phi(t))_{-a})_a\frac{dg^\beta(n,t)}{dt}dt,$$

所以

$$r_n^\beta = \frac{1}{\Gamma(\alpha)}\int_0^\pi w^{\alpha-q}(w^q\phi(w))_{-\alpha}dZ_\beta(w) = -\frac{\sin\alpha\pi}{\pi}\int_0^\pi Z_\beta(w)d\psi(w).$$

由补助定理 3,

$$\left|\frac{r_n^\beta}{n}\right| \leqslant \frac{A}{n}\int_0^{1/n}(nw)^{-\beta}\,|\,d\psi(w)\,| + \frac{A}{n}\int_{1/n}^\pi (nw)^{-\alpha-\beta}\,|\,d\psi(w)\,|.$$

由于 $\beta < 0, -\alpha-\beta < 0$, 故由 30 的补助定理 3, 级数 $\sum n^{-1}r_n^\beta$ 绝对收敛. 定理 1 证毕.

设 $\alpha = q = p$, 则当 $\phi(t)$ 和 $t\phi'(t)$ 在 $(0,\pi)$ 都是有界变差时, 函数

$$\frac{d}{dt} \int_0^t \frac{u^p \phi(u) du}{(t-u)^p} \qquad (0 < p < 1)$$

在 $(0,\pi)$ 上也是有界变差. 由定理 1, $\sum n^{-1} r_n^\beta$ 当 $\beta > -p$ 时, 绝对收敛. 因此, f 的傅里叶级数在 x 可用 $|C,\alpha|$ 平均法求和, $\alpha > -1$. 详细地说:

定理 2 设 $2\phi(t) = f(x+t) + f(x-t)$. 假如 $\phi(t)$ 和 $t\phi'(t)$ 在 $(0,\pi)$ 中都是有界变差, 那么 $f(t)$ 的傅里叶级数在 $t = x$ 可用 $|C,\alpha|$ 求和法求和, 但 $\alpha > -1$.

第 6 章　傅里叶级数之共轭级数的绝对收敛[①]

6.1　引　　言

41. 设 $f(t+2\pi) \equiv f(t), f(t) \in L(0,\pi), f(t)$ 的傅里叶级数是 $\sum A_n(t)$，它的共轭级数是 $\sum B_n(t)$. 置

$$\varphi(t) = \frac{1}{2}\{f(x+t)+f(x-t)\}, \quad \psi(t) = \frac{1}{2}\{f(x+t)-f(x-t)\}, \tag{1}$$

则得

$$\varphi(t) \sim \sum A_n(x)\cos nt, \quad \psi(t) \sim \sum B_n(x)\sin nt. \tag{2}$$

在前面，我们已证明：假如 $\varphi(t)$ 和 $t\varphi'(t)$ 在区间 $(0,\pi)$ 都是有界变差，则 $\sum A_n(x)$ 绝对收敛. 换句话说：两条件

$$\int_0^\pi |d\varphi(t)| < \infty \quad \text{和} \quad \int_0^\pi |d(t\varphi'(t))| < \infty \tag{3}$$

含有 $\sum |A_n(x)| < \infty$. 在此地，我们建立关于共轭级数对应于此定理的结果. 若

$$\int_0^\pi \left|\frac{\psi(t)}{t}\right| dt < \infty \tag{4}$$

且

$$\psi(\pi-0) = 0. \tag{5}$$

那么两条件

$$\int_0^\pi |d\psi(t)| < \infty \quad \text{和} \quad \int_0^\pi |d(t\psi'(t))| < \infty \tag{6}$$

含有 $\sum |B_n(x)| < \infty$. 条件(5)对于 $\sum B_n(x)$ 的绝对收敛，自然是必要的. 另一方面，

---

① K. K. Chen [16].

(4)也是 $\sum|B_n(x)|<\infty$ 之一必要条件，此为波三桂和希司洛普所已证的[1].

以 $\omega(\delta)$ 表示函数 $f(t)$ 的连续模数. 塞勒姆(Salem)注意到[2]齐革蒙特建立了如下的定理[3]：假如有界变差的函数 $f(t)$，其连续模数 $\omega(\delta)$ 满足条件

$$\sum n^{-1}(\omega(n^{-1}))^{\frac{1}{2}}<\infty \tag{7}$$

的话，$\sum|A_n(x)|<\infty$. 塞勒姆证明[4](7)中的指数 $\frac{1}{2}$ 不能易以更大的数. 此地将要证明的——上面已述的——定理并不是齐革蒙特定理之一结果. 事实上，函数

$$\psi(t)=\begin{cases}\left(\log\dfrac{1}{t}\right)^{-2}, & 0<t<\dfrac{\pi}{4},\\[2mm] 0, & \dfrac{3\pi}{4}\leqslant t\leqslant\pi\end{cases}$$

适合

$$0\leqslant-\psi''(t)\leqslant A,\quad \frac{\pi}{8}\leqslant t\leqslant\pi$$

的话，适合上述定理中一切条件，但是由于

$$\omega(\delta)\geqslant\left(\log\frac{1}{\delta}\right)^{-2},$$

级数(7)是发散的.

在第 3 章，我们证明了如下的定理：假如函数

$$\frac{d}{dt}\int_0^t\left(\frac{u}{t-u}\right)^{\alpha}\varphi(u)du,\quad 0<\alpha<1$$

在 $(0,\pi)$ 为有界变差，则级数 $\sum A_n(x)$ 绝对收敛. 但是对于共轭级数，置

$$\chi_0(t)=\frac{d}{dt}\int_0^t\left(\frac{u}{t-u}\right)^{\alpha}\psi(u)du,\quad 0<\alpha<1$$

[1] Hyslop-Bosanquet [1].

[2] Salem [2].

[3] Zygmund [3].

[4] Salem [2].

时，两条件

$$\int_{-\pi}^{\pi} |d\chi_0(t)| < \infty \quad \text{和} \quad \int_{-\pi}^{\pi} \left| \frac{\chi_0(t) - \chi_0(0)}{t} \right| dt < \infty \tag{8}$$

并不含有级数 $\sum B_n(x)$ 的绝对收敛. 例如级数

$$\psi(t) \sim \sum_{n=1}^{\infty} (-1)^{n+1} \frac{\sin nt}{n} = \frac{1}{2} t, \quad -\pi < t < \pi$$

并不处处绝对收敛，然而 $\chi_0(t) = tB(a+2, 1-a)$ 却满足 (8).

　　假如我们把区间 $(0, t)$ 改变为 $(-\pi, t)$，那么可以建立如下的定理：置

$$\chi(t) = |t|^{\alpha+p} \frac{d}{dt} \int_{-\pi}^{t} \frac{\psi(u) du}{|u|^p (t-u)^\alpha}, \quad 0 < \alpha < \alpha + p < 1, \tag{9}$$

则两条件

$$\int_{-\pi}^{\pi} |d\chi(t)| < \infty \text{ 和 } \int_{-\pi}^{\pi} \left| \frac{\chi(t)}{t} \right| dt < \infty \tag{10}$$

含有级数 $\sum B_n(x)$ 的绝对收敛. 但是另一方面，我们又可以证明：光是一个条件 $\int |dx(t)| < \infty$ 并不含有 $\sum B_n(x)$ 的绝对收敛. 我们又可以证明四个条件 $(4), (5), (6)$ 含有 (10) 中两个条件.

　　设 $\sum u_n = s |C, -\alpha|, 0 < \alpha < 1$，则 $\sum u_n = s |C, -\alpha + \varepsilon|, \varepsilon > 0$. 这是在 5.2 节中证明过的. 因此，求和性 $|C, -\alpha| (0 < \alpha < 1)$ 较强于绝对求和性 $|C, 0|$.

　　设 1 和 $\alpha + p - \beta$ 中的大者是 γ. 我们将证：若函数 (9) 满足两条件

$$\int_{-\pi}^{\pi} |d\chi(t)| < \infty \quad \text{和} \quad \int_{-\pi}^{\pi} \left| \frac{\chi(t)}{t^\gamma} \right| dt < \infty, \tag{11}$$

那么，$\sum B_n(x)$ 可用 $|C, \beta|$ 求和法求和，但 $-\alpha < \beta < 0$.

　　此定理的证明引导我们把 5.5 节中的定理 1，改进为如下的形式：若 $0 < \alpha < 1, 1 + q > \alpha$，则条件

$$\int_0^\pi \left| d \left\{ t^{\alpha-q} \frac{d}{dt} \int_0^t \frac{u^q \psi(u) du}{(t-u)^\alpha} \right\} \right| < \infty \tag{12}$$

含有 $\sum A_n(x) = s |C, -\alpha + \varepsilon|, \varepsilon > 0$. 此定理于 3.2 节在条件

$$q \geqslant \alpha$$

下证明的. 现在我们可以取 $q = 0$，而得到 "负级的波三桂定理"：写

$$\varphi(t) = (\varphi(t))_0, \quad (\varphi(t))_\alpha = \frac{1}{\Gamma(\alpha)} \int_0^t (t-u)^{\alpha-1} \varphi(u) du \quad (\alpha > 0),$$

$$(\varphi(t))_{-\alpha} = \frac{d}{dt} (\varphi(t))_{1-\alpha} \quad (0 < \alpha < 1),$$

$$[\varphi(t)]_\alpha = \Gamma(\alpha+1) t^{-\alpha} (\varphi(t))_\alpha.$$

若函数

$$[\varphi(t)]_{-\alpha}, \quad (0 < \alpha < 1) \tag{13}$$

在 $(0, \pi)$ 是有界变差，则 $\sum A_n(x) = s \mid C, \varepsilon - \alpha \mid, \varepsilon > 0$ [①].

6.2　函　数　$z_\beta(w)$

42. 补助定理 1　设 $0 < \alpha < \alpha + p < 1$，

$$\begin{cases} z_0(w) = \int_{-\pi}^w \mid u \mid^{-\alpha-p} \int_u^\pi (t-u)^{\alpha-1} \mid t \mid^p \dfrac{d}{dt} \cos nt\, dt\, du, \\ J(w) = \int_w^1 \mid v \mid^{-\alpha-p} \mid 1-v \mid^{\alpha-1} dv, \end{cases} \tag{14}$$

则

$$z_0(w) - z_0(\pi) + (-1)^n J\left(\frac{w}{\pi}\right) \begin{cases} = O(\mid nw \mid^{-a}), & 0 < w \leqslant \pi, \\ = c + O(\mid nw \mid^{-p}), & -\pi \leqslant w < 0, \end{cases} \tag{15}$$

但 $C = J(+\infty) + J(-\infty)$.

事实上，

$$z_0(w) - z_0(\pi) = n \int_w^\pi \mid u \mid^{-\alpha-p} \int_u^\pi (t-u)^{\alpha-1} \mid t \mid^p \sin nt\, dt\, du$$

$$= n \int_w^\pi \mid t \mid^p \sin nt \int_w^t \mid u \mid^{-\alpha-p} (t-u)^{\alpha-1} du\, dt$$

$$= n \int_w^\pi \sin \mid nt \mid J\left(\frac{w}{t}\right) dt.$$

若 $w > 0$，则由分离积分法，

---

① 参见 Basanquet [2]，此地 $\alpha \geqslant 0$.

$$z_0(w) - z_0(\pi) + (-1)^n J\left(\frac{w}{\pi}\right) = \int_w^\pi \cos nt \frac{\partial}{\partial t} J\left(\frac{w}{t}\right) dt$$

$$= w^{1-\alpha-p} \int_w^\pi t^{p-1}(t-w)^{\alpha-1} \cos nt dt. \tag{16}$$

由第二中值定理, 此式等于

$$w^{-\alpha} \int_w^{\pi'} (t-w)^{\alpha-1} \cos nt dt = O((nw)^{-\alpha}),$$

但 $w < \pi' < \pi$. 故此时(15)成立.

若 $w < 0$, 则写

$$z_0(w) - z_0(\pi) = n \int_w^0 -\sin nt J\left(\frac{w}{t}\right) dt + n \int_0^\pi \sin nt J\left(\frac{w}{t}\right) dt$$

$$= I_1 + I_2. \tag{17}$$

将 I_2 施行分离积分, 得

$$I_2 = J(-\infty) - (-1)^n J\left(\frac{w}{\pi}\right) + \int_0^\pi \cos nt \frac{\partial}{\partial t} J\left(\frac{w}{t}\right) dt.$$

最后的积分等于

$$-\int_0^\pi t^{p-1}(t-w)^{\alpha-1} \mid w \mid^{1-\alpha-p} \cos nt dt = - \mid w \mid^{-p} \int_0^{\pi''} t^{p-1} \cos nt dt,$$

但 $0 < \pi'' < \pi$. 由是

$$I_2 = J(-\infty) - (-1)^n J\left(\frac{w}{\pi}\right) + O(\mid nw \mid^{-p}). \tag{18}$$

同样的方法可以建立

$$I_1 = J(+\infty) + O(\mid nw \mid^{-p}). \tag{19}$$

综合(17), (18), (19), 知(15)当 $w < 0$ 时成立. 补助定理 1 由是证毕.

写函数列 $1, \cos t, \cos 2t, \cdots$ 的 β 阶第 n 切萨罗平均为 $h_\beta(n,t)$ 而估计函数

$$z_\beta(w) = \int_{-\pi}^w \mid u \mid^{-\alpha-p} \int_u^\pi (t-u)^{\alpha-1} \mid t \mid^p \frac{d}{dt} h_\beta(n,t) dt \tag{20}$$

于下. 首先建立下面两个补助定理:

补助定理 2 若 $-1 < \beta < 0$ 且 $0 \leqslant |t| \leqslant \pi$，则

$$h_\beta(n,t) = 1 + O((nt)^{-\beta}), \tag{21}$$

$$th'_\beta(n,t) = O((nt)^{-\beta})(1+nt), \tag{22}$$

但 h' 表示 $\dfrac{\partial h}{\partial t}$.

事实上，$n!(\alpha)_n = (\alpha+1)(\alpha+2)\cdots(\alpha+n)$，

$$(\beta)_n h_\beta(n,t) = \sum_{v=0}^{n} (\beta-1)_v \cos(n-v)t.$$

由阿贝尔变换，

$$(\beta)_n(h_\beta(n,t)-1) = -\sum_{v=0}^{n-1} (\beta)_v 2\sin\frac{t}{2}\cos\left(n-v-\frac{1}{2}\right)t.$$

其绝对值小于或等于

$$\left| t\sum_{v=0}^{n-1} (\beta)_v e^{vit} \right| \leqslant 2|t| \cdot |1-e^{it}|^{-1-\beta} \leqslant 2|t|^{-\beta}.$$

这是应用了费耶和塞格(Szegö)之一不等式的[1]. 因此得(21).

同样，可得(22).

补助定理 3 在补助定理 2 的假设下，当 $t > 0$ 时，

$$H(t) = \int_0^t h_\beta(n,t)dt = O\left(\frac{1}{n(1+nt)^\beta}\right).$$

置 $n' = \left[\dfrac{n}{2}\right]$，则

$$(\beta)_n H(t) = \sum_{v=0}^{n'} (\beta-1)_v \frac{\sin(n-v)t}{n-v} + \sum_{v=n'+1}^{n-1} (\beta-1)_v \frac{\sin(n-v)t}{n-v} + t(\beta-1)_n$$
$$= H_1 + H_2 + O(tn^{\beta-1}). \tag{23}$$

因 $-1 < \beta < 0, t > 0$，所以

---

① Szegö [1].

$$| H_2 | \leqslant -(\beta-1)_{n'} \cdot 2 \max_{1 < \mu < n} \sum_1^{\mu} \frac{\sin kt}{k} = O(n^{\beta-1}). \tag{24}$$

对于 H_1，施行阿贝尔变换，则得

$$H_1 = \sum_{v=0}^{n'-1} (\beta)_v \left\{ \frac{\Delta_v \sin(n-v)t}{n-v} + \sin(n-v-1)t \cdot \Delta_v \frac{1}{n-v} \right\} + O(n^{\beta-1})$$
$$= O(n^{-1}t^{-\beta} + n^{-1-\beta}) = O(n^{\beta-1})(1+nt)^{-\beta}.$$

此地又用了费耶和塞格的不等式. 因此，

$$n^{-\beta} H_1 = O\left(\frac{1}{n}\right)(1+nt)^{-\beta}. \tag{25}$$

三个结果(23)，(24)，(25)足够建立补助定理.

其次证明

补助定理 4　设 $0 < \alpha < \alpha + p < 1, -1 < \beta < 0, | nw | \geqslant 1$，则

$$z_\beta(w) - z_\beta(\pi) + h_\beta(n,\pi)J\left(\frac{w}{\pi}\right) \begin{cases} = O((nw)^{-\alpha-\beta}) & (w > 0), \\ = c + O(| nw |^{-\alpha-\beta}) + O(| nw |^{-p}) & (w < 0). \end{cases} \tag{26}$$

由(20)，

$$z_\beta(w) - z_\beta(\pi) = -\int_w^\pi \operatorname{sgn} t J\left(\frac{w}{t}\right) \frac{d}{dt} h_\beta(n,t)dt. \tag{27}$$

若 $nw \geqslant 1$，则如补助定理 1 的证明，

$$z_\beta(w) - z_\beta(\pi) + h_\beta(n,\pi)J\left(\frac{w}{\pi}\right)$$
$$= w^{1-\alpha-p}\left(\int_w^{w+1/n} + \int_{w+1/n}^{2w} + \int_{2w}^\pi\right) t^{p-1}(t-w)^{\alpha-1} h_\beta(n,t)dt$$
$$= z^1 + z^2 + z^3. \tag{28}$$

由补助定理 2，$| z^1 |$ 小于或等于

$$w^{1-\alpha-p} \int_w^{w+1/n} t^{p-1}(t-w)^{\alpha-1}(nt)^{-\beta} dt = O(w^{-\alpha}(nw)^{-\beta})\int_{w'}^{w''} (t-w)^{\alpha-1} dt,$$

但 $w < w' < w'' < w + \dfrac{1}{n}$. 因此，

$$z^2 = O((nw)^{-\alpha-\beta}), \quad nw \geqslant 1. \tag{29}$$

再用第二中值定理，区间 $\left(w+\dfrac{1}{n}, 2w\right)$ 中有如下的 w'''：

$$z^2 = n(nw)^{-\alpha}\left(\frac{nw}{1+nw}\right)^{1-p}\int_{w+1/n}^{w''}h_\beta(n,t)dt.$$

故由补助定理 3，得

$$z^2 = O(nw)^{-\alpha-\beta}), \quad nw \geqslant 1. \tag{30}$$

将 z^3 施行分离积分，

$$w^{\alpha+p-1}z^3 = \left[-t^{p-1}(t-w)H(t)\right]_{2w}^{\pi} + \int_{2w}^{\pi}H(t)\frac{d}{dt}\left\{t^{p-1}(t-w)^{\alpha-1}\right\}dt.$$

由于 $t > w > 0$，下式

$$-\frac{d}{dt}\left\{(t-w)^{\alpha-1}t^{p-1}\right\} = t^{p-2}(t-w)^{\alpha-2}\left\{(2-\alpha-p)t - (1-p)w\right\}$$

是正的，由分离积分，易知

$$\int_{2w}^{\pi}-\frac{d}{dt}\left\{t^{p-1}(t-w)^{\alpha-1}\right\}t^{-\beta}dt = O(w^{\alpha+p-2-\beta}).$$

由补助定理 3，知

$$z^3 = O((nw)^{-1-\beta}), \quad nw \geqslant 1. \tag{31}$$

由 (28)，(29)，(30)，(31)，知 (26) 当 $w > 0$ 时成立.

当 $nw \leqslant -1$ 时，改写 (27) 为如下的形式：

$$z_\beta(w) - z_\beta(\pi) = \int_w^0 J\left(\frac{w}{t}\right)\frac{d}{dt}h_\beta(n,t)dt - \int_0^\pi J\left(\frac{w}{t}\right)\frac{d}{dt}h_\beta(n,t)dt. \tag{32}$$

施行分离积分，

$$-\int_0^\pi J\left(\frac{w}{t}\right)\frac{d}{dt}h_\beta(n,t)dt + J\left(\frac{w}{\pi}\right)h_\beta(n,\pi) - J(-\infty) + I$$

$$= |w|^{1-\alpha-p}\int_0^{1/n}t^{p-1}(t-w)^{\alpha-1}h_\beta(n,t)dt$$

$$\quad - |w|^{1-\alpha-p}\int_{1/n}^\pi H(t)\frac{d}{dt}\left(t^{p-1}(t-w)^{\alpha-1}\right)dt, \tag{33}$$

此地的 I 等于

$$| w |^{1-\alpha-p} \left[t^{p-1}(t-w)^{\alpha-1} H(t) \right]_{1/n}^{\pi} = O(| nw |^{-p}) + O(n^{-1-\beta}).$$

上式(33)的末项等于

$$| w |^{1-\alpha-p} \left\{ \int_{1/n}^{|w|} O(n^{-1-\beta} t^{-\beta} | w |^{\alpha-1}) t^{p-2} dt + \int_{|w|}^{\pi} O(t^{p-\beta-2} n^{-1-\beta}) dt \right\}$$

$$= O(| nw |^{-1-\beta}) + O(| nw |^{-p}),$$

其中包含 $\int_0^{1/n}$ 的项是 $O(| nw |^{-p})$. 因此(33)化为

$$-\int_0^{\pi} J\left(\frac{w}{t}\right) \frac{d}{dt} h_{\beta}(n,t) dt + J\left(\frac{w}{\pi}\right) h_{\beta}(n,\pi) - J(-\infty)$$

$$= O(| nw |^{-1-\beta}) + O(| nw |^{-p}). \tag{34}$$

留下来的，是要考察积分

$$z^* = \int_w^0 J\left(\frac{w}{t}\right) \frac{d}{dt} h_{\beta}(n,t) dt = J(+\infty) + | w |^{1-\alpha-p} \cdot \int_w^0 | t |^{p-1} (t-w)^{\alpha-1} h_{\beta}(n,t) dt.$$

写

$$z^* - J(+\infty) = | w |^{1-\alpha-p} \left(\int_0^{1/2n} + \int_{1/2n}^{|w|/2} + \int_{|w|/2}^{|w|-1/2n} + \int_{|w|-1/2n}^{|w|} \right)$$

$$\cdot t^{p-1}(| w | -t)^{\alpha-1} h_{\beta}(n,t) dt$$

$$= z^{*\prime} + z^{*\prime\prime} + z^{*\prime\prime\prime} + z^{*\text{iv}}. \tag{35}$$

由第二平均值定理和补助定理 2，

$$z^{*\prime} = O(| nw |^{-p}) + | w |^{1-\alpha-p} \left| w + \frac{1}{2n} \right|^{\alpha-1} O\left(\int_0^{1/n} t^{p-\beta-1} n^{-\beta} dt \right)$$

$$= O(| nw |^{-p}), \tag{36}$$

$$z^{*\text{IV}} = | w |^{1-\alpha-p} \left| w + \frac{1}{2n} \right|^{p-1} O(| nw |^{-\beta}) \int_{|w|-1/2n}^{|w|} (| w | -t)^{\alpha-1} dt$$

$$= O(| nw |^{-\alpha-\beta}). \tag{37}$$

对于 $z^{*\prime\prime}$ 施行分离积分后，应用补助定理 3，

$$|w|^{\alpha+p-1}z^{*''} = \Big[t^{p-1}H(t)(|w|-t)^{\alpha-1}\Big]_{1/2n}^{|w|/2}$$
$$-\int_{1/2n}^{|w|/2}H(t)\frac{d}{dt}\Big(t^{p-1}(|w|-t)^{\alpha-1}\Big)dt,$$

$$z^{*''} = O(|nw|^{-1-\beta}) + O(|nw|^{-p})$$
$$+ O\Big\{|w|^{-p}\int_{1/2n}^{|w|/2}n^{-1}(nt)^{-\beta}(t^{p-2}+t^{p-1}|w-t|^{-1})dt\Big\}.$$

因此，得到

$$z^{*''} = O(|nw|^{-1-\beta}) + O(|nw|^{-p}). \tag{38}$$

最后，由第二中值定理，区间 $\Big(\dfrac{1}{2}|w|, w-\dfrac{1}{2n}\Big)$ 中有如下的 w' 和 w''：

$$z^{*'''} = O(|nw|^{-\alpha})n\int_{w'}^{w''}h_\beta(n,t)dt = O(|nw|^{-\alpha-\beta}), \tag{39}$$

最后的估计，是通过补助定理 3 的. 综合 (35)，(36)，(37)，(38)，(39)，得到

$$z^{*} - J(+\infty) = O(|nw|^{-\alpha-\beta}) + O(|nw|^{-p}). \tag{40}$$

三个关系 (32)，(34)，(40)，当 $w<0$ 时，证明了 (26). 补助定理 4 完全证毕.

6.3　关于级数与分数次积分的预备事项

43. 为便利计，我们将第 5 章中有些补助定理，重述于此，有些加以改进.

补助定理 5　设 $-1<\alpha<0$. 假如某一级数可用 $|C,\alpha|$ 求和法求和，那么，它也可用 $|C,\alpha+\varepsilon|$ 求和法求和，但 $\varepsilon>0$.

这就是 5.5 节中的补定理 1.

补助定理 6　假如函数 $h(t)$ 在区间 $(-\pi,\pi)$ 中是有界变差，则当 $\varepsilon>0$ 时，两级数

$$\sum_{n=1}^{\infty}\frac{1}{n}\int_{-1/n}^{1/n}|nt|^{\varepsilon}|dh(t)| \text{ 和 } \sum_{n=1}^{\infty}\frac{1}{n}\Big(\int_{-\pi}^{-1/n}+\int_{1/n}^{\pi}\Big)|nt|^{-\varepsilon}|dh(t)|$$

都收敛.

事实上，置

$$H(t) = \sum \frac{1}{n} \min\left\{|\, nt\,|^{\varepsilon}, |\, nt\,|^{-\varepsilon}\right\} = \sum_{nt<1} \frac{1}{n}\,|\, nt\,|^{\varepsilon} + \sum_{|nt|>1} n^{-1}\,|\, nt\,|^{-\varepsilon}.$$

那么，两级数的和都不会超过 $\int_{-\pi}^{\pi} H(t)\,|\, dh(t)\,|$.

设 $h(t) \in L(a,b), \alpha > 0$，则 " α 次" 积分

$$(h(t); a, b)_{\alpha} = (h(t))_{\alpha} = \frac{1}{\Gamma(\alpha)} \int_{\alpha}^{t} (t-u)^{\alpha-1} h(u) du$$

在 (a,b) 中几乎处处存在. 又若 $\alpha > 0, \beta > 0$，则

$$(h(t)_{\alpha})_{\beta} = (h(t))_{\alpha+\beta}. \tag{41}$$

当导函数 $\dfrac{d}{dt}(h(t))_{1-\alpha}(0 < \alpha < 1)$ 存在时，写它作 $(h(t))_{-\alpha}$.

补助定理 7　设 $0 < \alpha < 1$，则当 $(h(t))_{-\alpha}$ 存在而属于 $L(a,b)$ 时，等式

$$((h(t))_{-\alpha})_{\alpha} = h(t) \tag{42}$$

在 (a,b) 中几乎处处存在. 特别当 $(h(t))_{-\alpha}$ 在 c 点的近旁是有界时，$h(t)$ 是在 $t = c$ 连续的，此地 $h(t)$ 表示

$$\frac{d}{dt} \int_{0}^{t} h(u) du,$$

假如此导数存在的话.

事实上，由(41),

$$(h(t))_{1-\alpha} = \int_{0}^{t} (h(u))_{-\alpha} du = (((h(t))_{-\alpha})_{\alpha})_{1-\alpha}.$$

由是即得(42). 定理的后半，从(42)可知其为真.

6.4　有界变差的奇函数之傅里叶级数

44. **定理 1**　设

$$\int_{0}^{\pi} \left| \frac{\psi(t)}{t} \right| dt < \infty, \tag{43}$$

$$\psi(\pi - 0) = 0. \tag{44}$$

那么，当$2\psi(t) = f(x+t) - f(x-t)$和$t\psi'(t)$在$0 < t < \pi$都是有界变差时，$f(t)$的共轭级数在$t = x$绝对收敛.

这是定理 2 和定理 3 的系，可改述如下：假如奇函数$\psi(t)$在$(0,\pi)$有界变差，$t\psi'(t)$也是有界变差，则(43)和(44)含有$\psi(t)$的傅里叶级数的绝对收敛.

6.5 函数$|t|^p[|t|^{-p}\psi(t)]_{-\alpha}$的性质

45. 我们把$(h(t))_a$写成$(h(t);-\pi,t)_a$，而考察下面的函数

$$\chi(t) = |t|^p[|t|^{-p}\psi(t)]_{-\alpha} = |t|^{\alpha+p}\frac{d}{dt}\int_{-\pi}^t \frac{\psi(u)du}{|u|^p(t-u)^\alpha}. \tag{45}$$

定理 2 在定理 1 的假设下，函数(45)在区间$(-\pi,\pi)$上是有界变差的，并且

$$\int_{-\pi}^\pi \left|\frac{\chi(t)}{t}\right| dt < \infty. \tag{46}$$

事实上，设$0 < |t| < \pi$，则写$\tau = -\dfrac{\pi}{t}$的话，

$$\chi(t) = |t|^{\alpha+p}\frac{d}{dt}\int_\tau^\pi \frac{|t|^{1-\alpha-p}\psi(tv)\operatorname{sgn}tdv}{|v|^p \cdot |1-v|^\alpha}.$$

由于$\psi(t)$是可以微分的，所以留意着(44)，就得

$$\chi(t) = \int_\tau^1 \frac{(1-\alpha-p)\psi(tv) + tv\psi'(tv)}{|v|^p \cdot |1-v|^\alpha}dv. \tag{47}$$

首先研究$\chi(t)$在区间$(0,\pi)$中的性质. 写

$$\chi(t) = \int_\tau^{-1} + \int_{-1}^1 = \chi_1(t) + \chi_2(t). \tag{48}$$

由于函数$(1-\alpha-p)\psi(t) + t\psi'(t)$在区间$(0,\pi)$上的全变差是有限的，所以函数

$$\chi_2(t) = \int_{-1}^1 \frac{(1-\alpha-p)\psi(tv) + tv\psi'(tv)}{|v|^p|1-v|^\alpha}dv$$

在区间$(0,\pi)$中是有界变差. 留意(43)，就知道

$$\int_0^\pi \left|\frac{\chi_2(t)}{t}\right| dt < \infty. \tag{49}$$

由分离积分法,

$$\int_\tau^{-1} \frac{\psi(tv) + tv\psi'(tv)}{|v|^p \, (1-v)^\alpha} dv$$

$$= 2^{-\alpha} \psi(t) + \int_\tau^{-1} \frac{(p+\alpha)\psi(tv)dv}{|v|^p \, (1-v)^\alpha} + \alpha \int_\tau^{-1} \frac{\psi(tv)dv}{|v|^p \, (1-v)^{1+\alpha}}.$$

由是

$$\chi_1(t) = 2^{-\alpha} \psi(t) + \alpha \int_1^{-\tau} \frac{\psi(tv)dv}{|v|^p \, (1-v)^{\alpha+1}}. \tag{50}$$

注意着

$$\int_0^\pi \int_1^{-\tau} \frac{|\psi(tv)| \, dv}{v^p(1+v)^{\alpha+1}} \frac{dt}{t} = \int_1^\infty \frac{dv}{v^p(1+v)^{1+\alpha}} \int_0^{\pi/v} \frac{|\psi(tv)|}{t} dt,$$

我们得到

$$\int_0^\pi \left|\frac{\chi_1(t)}{t}\right| dt \leqslant \left(2^{-\alpha} + \alpha \int_0^\infty \frac{dv}{v^p(1+v)^{\alpha+1}}\right) \int_0^\pi \left|\frac{\psi(t)}{t}\right| dt < \infty. \tag{51}$$

其次, 我们证明

$$\int_0^\pi |d\chi_1(t)| < \infty. \tag{52}$$

由于(50), 我们证明导函数

$$-\frac{d}{dt} \int_1^\tau \frac{\psi(tv)dv}{v^p(1+v)^{\alpha+1}} = -\int_1^{-\tau} \frac{v^{1-p}\psi'(tv)dv}{(1+v)^{\alpha+1}}$$

$$= 2^{-1-\alpha} t^{-1}\psi(t) + \int_1^{-\tau} \frac{(1-p-\alpha v - pv)\psi(tv)dv}{tv^p(1+v)^{\alpha+2}}$$

可以积分就够了. 由(43), 第一项是可积的. 末项等于

$$\int_0^{-\tau} \left\{\frac{1-p}{v^p} - \frac{\alpha+p}{v^{p-1}}\right\} \frac{\psi(tv)}{t} \left(\frac{v}{1+v}\right)^{\alpha+2} \frac{dv}{v^{\alpha+2}}$$

$$= \left(\frac{\pi}{\pi+t}\right)^{\alpha+2} \int_A^{\pi/t} \left\{\frac{1-p}{v^p} - \frac{\alpha+p}{v^{p-1}}\right\} \frac{\psi(tv)dv}{tv^{\alpha+2}},$$

其中 A 是 $\left(1,\dfrac{\pi}{t}\right)$ 中的一个数. 因此上面的积分, 它的绝对值小于

$$t^{\alpha+p-1}\int_t^\pi\left|\frac{\psi(u)}{u^{\alpha+p+1}}\right|du.$$

这是可积的; 事实上,

$$(\alpha+p)\int_0^\pi t^{\alpha+p-1}\int_t^\pi u^{-\alpha-p-1}\,|\psi(u)|\,dudt=\int_0^\pi\left|\frac{\psi(t)}{t}\right|dt.$$

因此完成了 (52) 的证明. 所以下面两关系是成立的:

$$\int_0^\pi|\,d\chi(t)\,|<\infty,\qquad\int_0^\pi\left|\frac{\chi(t)}{t}\right|dt<\infty.\tag{53}$$

其次, 我们考察 $\chi(t)$ 在区间 $\left(-\pi,-\dfrac{\pi}{2}\right)$ 中的性质. 假如

$$-\pi\leqslant t_{v-1}\leqslant t_v\leqslant-\frac{1}{2}\pi,$$

那么, 置 $\tau_v t_v=-\pi=\tau_{v-1}t_{v-1}$ 的话,

$$\begin{aligned}&|\,\chi(t_v)-\chi(t_{v-1})\,|\\ &\leqslant\int_1^2\left|\Big[(1-\alpha-p)\psi(w)+w\psi'(w)\Big]_{t_{v-1}v}^{t_v v}\right|\frac{dv}{v^p(v-1)^\alpha}\\ &\quad+\left|\int_{\tau_{v-1}}^{\tau_v}\frac{(1-\alpha-p)\psi(t_v v)+t_v v\psi'(t_v v)}{v^p(v-1)^\alpha}dv\right|.\end{aligned}$$

由是

$$\sum_v|\chi(t_v)-\chi(t_{v-1})|\leqslant2\int_1^2\frac{dv}{v^p(v-1)^\alpha}\int_{-\pi}^\pi\big|d\{(1-\alpha-p)\psi(t)+t\psi'(t)\}\big|.$$

因此

$$\int_{-\pi}^{-\frac{1}{3}\pi}|\,d\chi(t)\,|<\infty,\quad\int_{-\pi}^{-\frac{1}{2}\pi}\left|\frac{\chi(t)}{t}\right|dt<\infty.\tag{54}$$

留下来的是要考察 $\chi(t)$ 在 $\left(-\dfrac{1}{2}\pi,0\right)$ 中的性质. 写

$$\chi(t) = -\left(\int_1^2 + \int_2^\tau\right)\frac{(1-\alpha-p)\psi(tv) + tv\psi'(tv)}{v^p(v-1)^\alpha}\,d_v = \chi_3(t) + \chi_4(t),$$

函数 $\chi_3(t)$ 在 $\left(-\dfrac{1}{2}\pi, 0\right)$ 中显然是有界变差，而

$$\chi_4(t) - 2^{1-p}\psi(2t) = \int_2^\tau \frac{(p - \alpha v - pv)\psi(tv)dv}{v^p(v-1)^{\alpha+1}} + \int_2^\tau \frac{(\alpha + p)\psi(tv)dv}{v^p(v-1)^\alpha}$$

$$= -\alpha\int_2^\tau \frac{\psi(tv)dv}{v^p(v-1)^{\alpha+1}}.$$

因此，两关系

$$\int_{-\frac{1}{2}\pi}^0 |\,d\chi_4(t)\,| < \infty \quad \text{与} \quad \int_{-\frac{1}{2}\pi}^0 \left|\frac{\chi_4(t)}{t}\right| dt < \infty$$

的证明，同于 $\chi_1(t)$ 的两对应关系的证明. 由是得着

$$\int_{-\frac{1}{2}\pi}^0 |\,d\chi(t)\,| < \infty, \quad \int_{-\frac{1}{2}\pi}^0 \left|\frac{\chi(t)}{t}\right| dt < \infty. \tag{55}$$

关系(53)，(54)，(55)建立着(46)与

$$\int_{-\pi}^\pi |\,d\chi(t)\,| < \infty.$$

定理 2 证毕.

6.6　函数 $|t|^p[|t|^{-p}\psi(t)]_{-\alpha}$ 与级数 $\sum B_n(x)$

46. 现在我们可以建立如下的对于 $\sum B_n(x)$ 之绝对收敛判定法.

定理 3　设 $0 < \alpha < \alpha + p < 1$，

$$\int_{-\pi}^\pi \left|\frac{\chi(t)}{t}\right| dt < \infty. \tag{56}$$

则当函数

$$\chi(t) = |\,t\,|^{\alpha+p}\frac{d}{dt}\int_{-\pi}^t \frac{\psi(u)du}{|\,u\,|^p\,(t-u)^\alpha} \tag{57}$$

在区间 $(-\pi,\pi)$ 上为有界变差时，$f(t)$ 的共轭级数在点 $t=x$ 绝对收敛.

由于 $\alpha+p<1$ 且 $t^{-1}\chi(t)$ 等于

$$|t|^{\alpha+p-1}\Gamma(1-\alpha)(|t|^{-p}\psi(t))_{-\alpha},$$

由(56)，函数

$$(|t|^{-p}\psi(t))_{-\alpha}$$

在区间 $(-\pi,\pi)$ 上可以用勒贝格意义积分. 因此，由补助定理 7，我们可以写着

$$\pi B_n(x) = \int_{-\pi}^{\pi} \psi(t)\sin nt\, dt$$

$$= \int_{-\pi}^{\pi} |t|^p \left((|t|^{-p}\psi(t))_{-\alpha}\right)_\alpha \sin nt\, dt$$

$$= \frac{1}{\Gamma(\alpha)}\int_{-\pi}^{\pi} |t|^p \sin nt \int_{-\pi}^{t}(t-u)^{\alpha-1}\left(|u|^{-p}\psi(u)\right)_{-\alpha} du\, dt.$$

交换积分的顺序，得着

$$n\pi\Gamma(\alpha)B_n(x) = -\int_{-\pi}^{\pi} |u|^{a+p}(|u|^{-p}\psi(u))_{-\alpha}\, dz_0(u),$$

这是用了(14)的. 此可改写为

$$n\pi^2 B_n(x) = -\sin\alpha\pi\int_{-\pi}^{\pi}\chi(w)dz_0(w)$$

$$= -\sin\alpha\pi(B_n' + B_n'' + B_n'''), \tag{58}$$

此地

$$B_n' = \int_0^{\pi}\chi(w)d\left\{z_0(w) - z_0(\pi) + (-1)^n J\left(\frac{w}{\pi}\right)\right\},$$

$$B_n'' = \int_{-\pi}^{0}\chi(w)d\left\{z_0(w) - z_0(\pi) - c + (-1)^n J\left(\frac{w}{\pi}\right)\right\},$$

$$B_n''' = (-1)^{n+1}\int_{-\pi}^{\pi}\chi(w)dJ\left(\frac{w}{\pi}\right).$$

注意到极限 $\chi(\pm 0)$ 的存在，条件(56)含有 $\chi(\pm 0) = 0$. 因此，由分离积分法，得到

$$B_n' = -\int_0^{\pi}\left\{z_0(w) - z_0(\pi) + (-1)^n J\left(\frac{w}{\pi}\right)\right\}\chi(w)dw.$$

利用(16)——$w = -\pi$——乃得

$$B_n'' = -\int_{-\pi}^0 \left\{ z_0(w) - z_0(\pi) - c + (-1)^n J\left(\frac{w}{\pi}\right) \right\} d\chi(t) + O(n^{-p}).$$

写

$$b_n' = -\int_0^{1/n} \left\{ z_0(w) - z_0(\pi) + (-1)^n J\left(\frac{w}{\pi}\right) \right\} d\chi(w),$$

$$b_n'' = -\int_{-1/n}^0 \left\{ z_0(w) - z_0(\pi) - c + (-1)^n J\left(\frac{w}{\pi}\right) \right\} d\chi(w).$$

由补助定理 1,

$$B_n' = b_n' + O\left(\int_{1/n}^\pi (nw)^{-a} \, | \, d\chi(w) \, | \right),$$

$$B_n'' = b_n'' + O(n^{-p}) + O\left(\int_{-\pi}^{-1/n} (nw)^{-p} \, | \, d\chi(w) \, | \right). \tag{59}$$

由于补助定理 6,从(58)与(59),知道证明归结于建立

$$\sum_{n=1}^\infty \frac{1}{n}(| \, b_n' \, | + | \, b_n'' \, | + | \, B_n''' \, |) < \infty. \tag{60}$$

首先证明

$$B_n''' = 0. \tag{61}$$

由于 $\chi(t)$ 在 $(-\pi, \pi)$ 是有界变差,我们能够从(57)把 $\psi(t)$ 解出. 事实上,

$$\int_{-\pi}^t \frac{\psi(u)du}{| \, u \, |^p \, (t-u)^\alpha} = \int_{-\pi}^t | \, v \, |^{-\alpha-p} \, \chi(v)dv.$$

此式的左方等于 $\Gamma(1-\alpha)(| \, t \, |^{-p} \, \psi(t); -\pi, t)_{1-\alpha}$. 所以从(41),得

$$\int_{-\pi}^t | \, u \, |^{-p} \, \psi(u)du = \frac{\sin \alpha\pi}{\pi} \int_{-\pi}^t (t-u)^{\alpha-1} \int_{-\pi}^u | \, v \, |^{-\alpha-p} \, \chi(v)dvdu$$

$$= \frac{\sin \alpha\pi}{\alpha\pi} \int_{-\pi}^t (t-v)^\alpha \, | \, v \, |^{-\alpha-p} \, \chi(v)dv.$$

由补助定理 7,函数 $\psi(t)$ 在 $0 < t \leqslant \pi$ 上是连续的,所以当

$$0 < |t| \leqslant \pi$$

时，由微分得

$$|t|^{-p} \psi(t) = \frac{\sin \alpha \pi}{\pi} \int_{-\pi}^{t} (t-v)^{\alpha-1} |v|^{-\alpha-p} \chi(v) dv. \tag{62}$$

由是得

$$\psi(\pi) = -\psi(-\pi) = 0. \tag{63}$$

而

$$\begin{aligned}
(-1)^{n+1} B_n''' &= \int_{-\pi}^{\pi} \chi(w) \left| \frac{w}{\pi} \right|^{-\alpha-p} \left| 1 - \frac{w}{\pi} \right|^{\alpha-1} \left(1 - \frac{1}{\pi} \right) dw \\
&= -\pi^p \Gamma(1-\alpha) \int_{-\pi}^{\pi} (\pi-w)^{\alpha-1} (|w|^{-p} \psi(w))_{-\alpha} dw \\
&= -\frac{\pi^{1+p}}{\sin \alpha \pi} \Big[((|w|^{-p} \psi(w))_{-\alpha})_{\alpha} \Big] w = \pi.
\end{aligned}$$

由于补助定理 7，

$$B''' = (-1)^n \frac{\pi \phi(\pi)}{\sin \alpha \pi}.$$

因此，从(63)得(61)。

留意(15)和(16)，对于 b_n' 施行分离积分法，得

$$\begin{aligned}
b_n' + O\left(\left| \chi\left(\frac{1}{n} \right) \right| \right) &= \int_0^{1/n} \chi(w) d\left(w^{1-\alpha-p} \int_w^{\pi} t^{p-1} (t-w)^{\alpha-1} \cos nt\, dt \right) \\
&= \int_0^{1/n} \chi(w) d\left(\int_1^{\pi/w} y^{p-1} (y-1)^{\alpha-1} \cos nwy\, dy \right).
\end{aligned}$$

写

$$c_n' = (-1)^{n+1} \pi^p \int_0^{1/n} (\pi-w)^{\alpha-1} w^{-\alpha-p} \chi(w) dw,$$

$$c_n'' = -n \int_0^{1/n} \chi(w) \int_1^{\pi/w} y^p (y-1)^{\alpha-1} \sin nwy\, dy\, dw,$$

则得

$$b'_n = c'_n + c''_n + O\left(\left|\chi\left(\frac{1}{n}\right)\right|\right). \tag{64}$$

易知

$$c'_n = O\left\{\int_0^{1/n} w^{1-\alpha-p} d\left(\int_{-\pi}^w \left|\frac{\chi(u)}{u}\right| du\right)\right\}.$$

由于 $0 \leqslant nw \leqslant 1, \alpha + p < 1$，知道

$$\int_{nw}^{n\pi} y^p (y - nw)^{\alpha-1} \sin y dy = O(1).$$

因此

$$c''_n = O\left\{\int_0^{1/n} (nw)^{1-\alpha-p} d\left(\int_{-\pi}^w \left|\frac{\chi(u)}{u}\right| du\right)\right\}.$$

由是(66)化为

$$b'_n = O\left(\left|\chi\left(\frac{1}{n}\right)\right|\right) + O\left\{\int_0^{1/n} (nw)^{1-\alpha-p} d\left(\int_{-\pi}^w (nw)^{1-\alpha-p} d\left(\int_{-\pi}^w \left|\frac{\chi(u)}{u}\right| du\right)\right)\right\}. \tag{65}$$

同样可证

$$b''_n = O\left(\left|\chi\left(-\frac{1}{n}\right)\right|\right) + O\left\{\int_{-1/n}^0 |nw|^{1-\alpha-p} d\left(\int_{-\pi}^w \left|\frac{\chi(u)}{u}\right| du\right)\right\}. \tag{66}$$

积分(56)的收敛包含着级数

$$\sum_{n=1}^\infty \frac{1}{n}\left(\left|\chi\left(\frac{1}{n}\right)\right| + \left|\chi\left(-\frac{1}{n}\right)\right|\right)$$

的收敛. 综合(61)，(65)，(66)诸结果，应用补助定理 6，知道级数(60)收敛.
定理 3 由是证明完毕.

6.7　定理 3 中条件 $\chi(t)t^{-1} \in L$ 的重要性

47. 设 $0 < \alpha < \alpha + p < 1, \psi(t) \sim \sum B_n \sin nt$，写

$$\chi(t) = |t|^{\alpha+p} \frac{d}{dt} \int_{-\pi}^{t} \frac{\psi(u)du}{u^p(t-u)^\alpha}. \tag{67}$$

定理 4 函数 $\chi(t)$ 在区间 $(-\pi, \pi)$ 上的全变差之有界性并不含有级数 $\sum B_n$ 的绝对收敛.

要证此命题, 只需证明适合下列诸条件的函数 $\psi(t)$ 的存在就够了:

$1°$. $\chi(t) = 0 \quad \left(-\pi \leqslant t \leqslant -\varepsilon, 0 < \varepsilon < \exp\left(-\frac{2}{\alpha+p}\right)\right)$;

$2°$. $\chi(t) = \dfrac{(t+\varepsilon)^2}{-\log|t|} \quad (-\varepsilon \leqslant t < 0)$;

$3°$. $\displaystyle\int_0^\pi |d\chi(t)| < \infty$;

$4°$. $\displaystyle\int_0^\pi |\psi(t)|dt < \infty$;

$5°$. $\displaystyle\int_0^\pi |d\psi(t)| < \infty, \int_0^\pi |d(t\psi'(t))| < \infty$;

$6°$. $\displaystyle\sum_1^\infty \left|\int_0^\pi \psi(t)\sin nt\, dt\right| = \infty$.

事实上, 最初三个条件含有 $\chi(t)$ 在 $(-\pi, \pi)$ 为有界变差, 而最后三个条件含有 $\psi(t)$ 的傅里叶级数之收敛性, 但是此级数并不收敛.

首先, 假设 $-\pi \leqslant t < 0$, 此时

$$|t|^{-p}\psi(t) = \frac{\sin\alpha\pi}{\pi}\int_{-\pi}^{t}(t-v)^{\alpha-1}|v|^{-\alpha-p}\chi(v)dv, \tag{68}$$

证明详见 13. 所以 $\psi(t)$ 是一连续函数, 在区间 $(-\pi, -\varepsilon)$ 中, 函数值等于 0, 此由于条件 $1°$. 现在定义

$$\psi(t) = -\psi(-t), \quad 0 < t \leqslant \pi. \tag{69}$$

下文将要证明

$$\lim_{t\to 0}\psi(t) = 0. \tag{70}$$

由是, 定义 $\psi(t+2\pi) \equiv \psi(t)$ 的话, $\psi(t)$ 在任何有限区间上是连续的.

设 $-\varepsilon < 2t < 0$, 写

$$\psi(t) = \frac{\sin \alpha \pi}{\pi} |t|^p \left\{ \int_{-\pi}^{2t} \frac{(t-v)^{\alpha-1} \chi(v) dv}{|v|^{\alpha+p}} - \int_{2t}^{t} \frac{(t-v)^{\alpha-1}(v+\varepsilon)^3 dv}{|v|^{\alpha+p} \log|v|} \right\}$$

$$= \frac{\sin \alpha \pi}{\pi} (\psi_1(t) + \psi_2(t)).$$

由第二中值定理，区间 $(t, 2t)$ 中有如下的数 t'：

$$\psi_2(t) = |t|^{-\alpha} |\log|t||^{-1} \int_{t'}^{t} (v+\varepsilon)^3 (t-v)^{\alpha-1} dv.$$

因此当 $v = 2$ 时，

$$\psi_v(t) = O(|\log|t||^{-1}) \quad (t \to -0). \tag{71}$$

将 $\psi_1(t)$ 施行分离积分法，得

$$\alpha \psi_1(t) = \frac{-\chi(2t)}{2^{\alpha+p}} + |t|^p \int_{-\pi}^{2t} (t-v)^{\alpha} \frac{d}{dv} \frac{\chi(v)}{|v|^{\alpha+p}} dv.$$

第一项等于 $O(|\log|t||^{-1})$，而末项小于

$$A|t|^p \int_{-\pi}^{2t} |v|^{\alpha} \left| \frac{d}{dv} \frac{\chi(v)}{|v|^{\alpha+p}} \right| dv = A|t|^p \int_{-\varepsilon}^{2t} |v|^{\alpha} \left| \frac{d}{dv} \frac{(v+\varepsilon)^3}{|v|^{\alpha+p} \log|v|} \right| dv$$

$$< A|t|^p \int_{-\varepsilon}^{2t} \frac{dv}{|v|^{p+1} \log|v|}$$

$$= O(|\log|t||^{-1}).$$

所以 (71) 当 $v = 1$ 时也成立. 由 (71) 得

$$\psi(t) = O(|\log|t||^{-1}) \quad (t \to 0). \tag{72}$$

此关系含有 (70)，而 4° 证毕.

将 (68) 改写为如下的形式：

$$\psi(t) = \frac{\sin \alpha \pi}{\pi} \int_{1}^{\tau} (v-1)^{\alpha-1} v^{-\alpha-p} \chi(tv) dv \quad (-\pi \leqslant t < 0),$$

由微分，得

$$\psi'(t) = \frac{\sin \alpha \pi}{\pi} \int_{1}^{\tau} (v-1)^{\alpha-1} v^{1-\alpha-p} \chi'(tv) dv \quad (-\pi \leqslant t < 0).$$

因 $\psi(t)$ 是一奇函数，故当 $0 < t \leqslant \varepsilon$ 时，

$$\psi'(t) = \psi'(-t) = \frac{\sin \alpha\pi}{\pi} \int_1^{\pi/t} (v-1)^{\alpha-1} v^{1-\alpha-p} \chi'(-tv) dv$$

$$= \frac{\sin \alpha\pi}{\pi t^{1-p}} \int_t^{\varepsilon} (w-t)^{\alpha-1} w^{1-\alpha-p} \chi'(-w) dw. \tag{73}$$

由条件 2°，知道

$$\chi'(-w) = O\left(\frac{1}{w \log^2 w}\right).$$

记

$$I_1 = t^{p-1} \int_t^{2t} (w-t)^{\alpha-1} w^{-\alpha-p} \frac{dw}{\log^2 w},$$

$$I_2 = t^{p-1} \int_{2t}^{\varepsilon} (w-t)^{\alpha-1} w^{-\alpha-p} \frac{dw}{\log^2 w},$$

则得 $\psi'(t) = O(I_1 + I_2)$。由第二中值定理，

$$I_1 = t^{p-1} \cdot t^{-\alpha-p} (\log t)^{-2} \int_t^{t_1} (w-t)^{\alpha-1} dw = O(t^{-1}(\log t)^{-2}) \quad (t < t_1 < 2t).$$

由分离积分

$$I_2 = O\left(\frac{1}{t \log^2 t}\right) - \frac{1}{\alpha} \int_{2t}^{\varepsilon} t^{p-1} (w-t)^{\alpha} w^{-1-\alpha-p} \left(\frac{-\alpha-p}{\log^2 w} - \frac{2}{\log^3 w}\right) dw.$$

最后的积分显然等于 $O(t^{-1}(\log t)^{-2})$，所以得到

$$t\psi'(t) = O\left(\frac{1}{\log^2 |t|}\right) \quad (|t| < \varepsilon). \tag{74}$$

这是建立 5°的第一部分，因为当 $\varepsilon \leqslant t \leqslant \pi$ 时，$\psi'(t) = 0$。

第二次导函数 $\psi''(t)$ 可以写成

$$\psi''(t) = -\psi''(-t) = -\frac{\sin \alpha\pi}{\pi} \int_1^{\pi/t} (v-1)^{\alpha-1} v^{2-\alpha-p} \chi''(-tv) dv \quad (0 < t \leqslant \pi),$$

这是由于(73)和条件 1°。所以

$$t^2\psi''(t) = O(t^p)\int_t^\varepsilon (w-t)^{\alpha-1}w^{-\alpha-p}\frac{dw}{\log^2 w} = O\left(\frac{1}{\log^2|t|}\right). \tag{75}$$

(74)和(75)两关系证明 $\psi(t)$ 和 $t\psi'(t)$ 在 $(-\pi,\pi)$ 上都是有界变差的函数；5°因此成立.

现在证明 3°. 首先写出

$$\chi(t) = \int_\tau^1 \frac{(1-\alpha-p)\psi(tv) + tv\psi'(tv)}{|v|^p|1-v|^\alpha}dv,$$

$$\chi'(t) = \int_\tau^1 \frac{(2-\alpha-p)\psi'(tv) + tv\psi'(tv)}{|v|^{p-1}|1-v|^\alpha}\operatorname{sgn} v\,dv;$$

当 $-\pi < t < 0$ 时，我们写

$$\chi'(t) = -\int_\tau^1 \frac{(2-\alpha-p)\psi'(tv) + tv\psi''(tv)}{v^{p-1}(v-1)^\alpha}dv.$$

若 $0 < t < \pi$ ，则得

$$\chi'(t) = -\int_1^{-\tau} v^{1-p}(v+1)^{-\alpha}\{(2-\alpha-p)\psi'(tv) + tv\psi''(tv)\}dv + (-1,1), \tag{76}$$

式中 $(-1,\ 1)$ 表示积分

$$\int_{-1}^1 |v|^{1-p}(1-v)^{-\alpha}\{(2-\alpha-p)\psi'(tv) + tv\psi''(tv)\}\operatorname{sgn} v\,dv.$$

写 $\psi(t) = (2-\alpha-p)\psi'(t) + t\psi''(t)$ ，这是 t 的偶函数. 因此

$$\int_1^{-\tau} v^{1-p}(v+1)^{-\alpha}\Psi(tv)dv$$

$$= -\left(\frac{\pi-t}{\pi+t}\right)^\alpha \chi'(-t) - \int_1^{\pi/t}\int_1^v \frac{w^{1-p}\Psi(tw)}{(w-1)^\alpha}dw\,\frac{d}{dv}\left(\frac{v-1}{v+1}\right)^\alpha dv.$$

最后积分的绝对值小于

$$\int_1^{\varepsilon/t}\frac{d}{dv}\left(\frac{v-1}{v+1}\right)^\alpha \int_1^v \frac{w^{1-p}dw}{(w-1)^\alpha tw(\log tw)^2}$$

$$= t^{p-1}\int_1^{\varepsilon/t}\frac{d}{dv}\left(\frac{v-1}{v+1}\right)^\alpha \int_1^v \frac{(w-1)^{-\alpha}dw}{(tw)^p(\log tw)^2}dv$$

$$\leqslant \frac{1}{t(\log t)^2}\int_1^\infty \frac{d}{dv}\left(\frac{v-1}{v+1}\right)^\alpha \int_1^v \frac{dw}{(w-1)^\alpha}dv = \frac{1}{(1-\alpha)2^\alpha t(\log t)^2}$$

的常数倍数，这是当 $0 < t \leqslant \varepsilon$ 的时候. 假如 $t > \varepsilon$，那么积分等于 0. 因此，注意 2°，知道

$$\int_0^\pi \left| \int_1^{\pi/t} \frac{v^{1-p}\Psi(tv)dv}{(1+v)^\alpha} \right| dt \leqslant \int_0^\pi |\chi'(-t)| \, dt + \frac{1}{(1-\alpha)2^\alpha} \int_0^\varepsilon \frac{dt}{t(\log t)^2} < \infty. \quad (77)$$

又

$$\int_0^\pi |(-1,1)| \, dt \leqslant A \int_0^\varepsilon \int_{-1}^1 \frac{|v|^{1-p} \, dv}{(1-v)^\alpha |tv| (\log tv)^2} \, dt < \infty. \quad (78)$$

三个关系(76)，(77)，(78)证明了 3°.

留下来的事情，是要建立级数 6°的发散性. 设 $0 < t \leqslant \pi$，写 $t_1 = \max(1, \varepsilon/t)$，那么

$$-\psi(t) = \frac{\sin\alpha\pi}{\pi} \int_1^{t_1} \frac{(\varepsilon-tv)^3 dv}{v^{\alpha+p}(v-1)^{\alpha-1}(-\log tv)} > \frac{\sin\alpha\pi}{-\pi\log t} \int_1^{t_1} \frac{(\varepsilon-tv)^3 dv}{v^{\alpha+p}(v-1)^{\alpha-1}}.$$

从而当 $0 < 4t < \varepsilon$ 时，

$$-\psi(t) > \frac{A}{-\log t}, \quad (79)$$

此地的 A 大于

$$\frac{\sin\alpha\pi}{8\pi} \int_1^{\varepsilon/2t} \frac{\varepsilon^3 dv}{v^{\alpha+p}(v-1)^{1-\alpha}} > \frac{\varepsilon^3 \sin\alpha\pi}{8\pi} \int_1^2 \frac{dv}{v^{\alpha+p}(v-1)^{1-\alpha}}.$$

设 $n > \dfrac{4}{\varepsilon}$，则由(74)，

$$-\int_0^{1/n} \psi'(t) \cos nt \, dt > -\cos 1 \int_0^{1/n} \psi'(t) dt = -\cos 1 \cdot \psi\left(\frac{1}{n}\right).$$

又由(79)得到

$$-\int_0^{1/n} \psi'(t) \cos nt \, dt > \frac{A}{2\log n}, \quad A > 0, n > \frac{4}{\varepsilon}. \quad (80)$$

从(73)得

$$t^{1-p}\psi'(t) = -\frac{\sin\alpha\pi}{\alpha\pi}\int_t^{\varepsilon'}(w-t)^\alpha\frac{d}{dw}(w^{1-\alpha-p}\chi'(-w))dw + \rho(t),$$

但 $0 < \varepsilon' < \varepsilon$. 当 ε' 甚小时，$w < \varepsilon'$ 的话，函数

$$w^{\alpha+p+1}\frac{d}{dw}\{w^{1-\alpha-p}\chi'(-w)\}$$

$$= \frac{(\varepsilon-w)^2}{(\log w)^2}\left(\alpha+p+\frac{2}{\log w}\right) - \frac{\varepsilon-w}{\log w}(3(1-\alpha-p)(\varepsilon-w)+O(w))$$

是正的. 因此在 $(0,\varepsilon')$ 中 $\rho(t) - t^{1-p}\psi'(t)$ 是一减少的正值函数. 函数 $\rho(t)$ 具有高阶导数的. 由第二中值定理，

$$-\int_{1/n}^{\varepsilon'}\psi'(t)\cos ntdt = -n^{p-1}\psi'\left(\frac{1}{n}\right)\int_{1/n}^\eta t^{p-1}\cos ntdt + O(n^{-p}),$$

此地 $\frac{1}{n} < \eta < \varepsilon'$. 因此，由(74)，得着

$$-\int_{1/n}^\varepsilon\psi'(t)\cos ntdt = O(|n^{-1}\psi'(n^{-1})|) = O((\log n)^{-2}). \tag{81}$$

现在我们可以完成 6° 的证明. 由于 $\psi(t)$ 在区间 $(0,\pi)$ 的两端为 0，在其间 $(0 < t < \pi)$ 具有连续的导数，所以

$$-\int_0^\pi\psi(t)\sin ntdt = \frac{1}{n}\int_0^\pi-\psi'(t)\cos ntdt$$

$$= \frac{1}{n}\int_0^{\varepsilon'}-\psi'(t)\cos ntdt + O\left(\frac{1}{n^{1+p}}\right)$$

$$> \frac{A}{2n\log n} + O\left(\frac{1}{n}(\log n)^{-2}\right),$$

最后的结果由于(80)和(81). 由是得 6°.

定理 4 证明完毕.

6.8　共轭级数的负阶切萨罗求和

48. 不利用补助定理 1 而利用补助定理 4 的话，我们就能够拓广定理 3

定理 5　在条件(11)之下，当 $\beta > -\alpha$ 时，$f(t)$ 的共轭级数在点 $t = x$ 可用绝对平均法 $|C,\beta|$ 求它的和.

我们可以假设 $-1 < -\alpha < \beta < 0$.

如同定理 3 的证明一样，$B_n(x)$ 等于

$$\frac{1}{\pi}\int_{-\pi}^{\pi} \mid t \mid^p \left((\mid t \mid^{-p} \psi(t))_{-\alpha} \right)_{\alpha} \sin nt dt.$$

记级数 $\sum B_n(x)$ 的 β 阶的第 n 切萨罗平均数为 $\sigma_n^{*\beta}(x)$. 我们将证明级数

$$\sum \left| \sigma_n^{*\beta}(x) - \sigma_{n-1}^{*\beta}(x) \right|$$

的绝对收敛. 由于 $\{nB_n(x)\}$ 的 β 阶的第 n 切萨罗平均是

$$\tau_n^{*\beta}(x) = n(\sigma_n^{*\alpha}(x) - \sigma_{n+1}^{*\alpha}(x)),$$

我们必须考察积分

$$\tau_n^{*\beta}(x) = \frac{1}{\pi}\int_{-\pi}^{\pi} \mid t \mid^p \left((\mid t \mid^{-p} \psi(t))_{-\alpha} \right)_{\alpha} \frac{d}{dt} h_{\beta}(n,t) dt.$$

注意(20)和(61)，我们可以写

$$\pi\Gamma(\alpha)\tau_n^{*\beta}(x) = \int_{-\pi}^{\pi} \mid w \mid^{a+p} (\mid w \mid^{-p} \psi(w)_{-\alpha} d)\left(z_{\beta}(w) - z_{\beta}(\pi) + h_{\beta}(n,\pi)J\left(\frac{w}{\pi}\right)\right)$$

$$= \int_{-\pi}^{-1/n} + \int_{-1/n}^{1/n} + \int_{1/n}^{\pi} = \tau_n' + \tau_n'' + \tau_n'''.$$

施行分离积分并且利用补助定理 4，得到

$$\tau_n''' = O(n^{-\alpha-\beta}) + O\left(\left|\chi\left(\frac{1}{n}\right)\right|\right) + O\left(\int_{1/n}^{\pi} (nw)^{-\alpha-\beta} \mid d\chi(w) \mid\right),$$

$$\tau_n' = O(n^{-\alpha-\beta}) + O(n^{-p}) + O\left(\mid \chi\left(-\frac{1}{n}\right)\mid\right)$$

$$+ O\left(\int_{-\pi}^{-1/n} (\mid nw \mid^{-\alpha-\beta} + \mid nw \mid^{-\beta}) \mid d\chi(w) \mid\right).$$

我们已经知道级数 $\sum n^{-1}\left(\left|\chi\left(\frac{1}{n}\right)\right| + \left|\chi\left(-\frac{1}{n}\right)\right|\right)$ 是收敛的，因此由补助定理 6，我们只需证明

$$\sum \frac{1}{n} \mid \tau_n'' \mid < \infty \tag{82}$$

就够了.

从(27),

$$\tau_n'' = \int_{-1/n}^{1/n} \Gamma(1-\alpha)\chi(w)d\left(z_\beta(w) - z_\beta(\pi) + h_\beta(n,\pi)J\left(\frac{w}{\pi}\right)\right)$$

$$= \int_{-1/n}^{1/n} \Gamma(1-\alpha)\chi(w)d\int_1^{\pi/w} |y|^{p-1}|1-y|^{\alpha-1}\operatorname{sgn}(wy)h_\beta(n,wy)dy$$

$$= u_n + v_n + w_n,$$

此地

$$u_n = \Gamma(1-\alpha)\int_{-1/n}^{1/n}\chi(w)\left|\frac{\pi}{w}\right|^{p-1}\left|\frac{\pi}{w}-1\right|^{\alpha-1}\left(-\frac{\pi}{w^2}\right)h_\beta(n,\pi)dw,$$

$$v_n + w_n = \Gamma(1-\alpha)\left(\int_{-1/n}^0 + \int_0^{1/n}\right)\chi(w)dw \cdot \int_1^{\pi/w} |y|^{p-1}|1-y|^{\alpha-1}\operatorname{sgn}(wy)$$

$$\times \frac{\partial}{\partial w}h_\beta(n,wy)dy.$$

从补助定理 2,

$$u_n = \int_{-1/n}^{1/n}\chi(w)|w|^{-\alpha-p}\,O(n^{-\beta})dw = O\left(\int_{-1/n}^{1/n}|nw|^{-\beta}\,d\int_{-\pi}^w\left|\frac{\chi(u)}{n^{\alpha+p-\beta}}\right|\right). \quad (83)$$

再用补助定理 2,

$$w_n = \int_0^{1/n}\chi(w)\left(\int_1^2 + \int_2^{\pi/w}\right)y^{p-1}(y-1)^{\alpha-1}\frac{\partial}{\partial w}h_\beta(n,wy)dw$$

$$= \int_0^{1/n}\chi(w)O(|nw|^{-\beta})w^{-1}dw + \int_0^{1/n}\chi(w)w^{-1}O\left((nw)^{-\beta}\int_0^{\pi/w}y^{\alpha+p-\beta-2}dy\right)dw.$$

所以

$$w_n = O\left(\int_0^{1/n}|nw|^{-\beta}\,d\int_{-\pi}^w\left|\frac{\chi(u)}{u^\gamma}\right|\right). \quad (84)$$

写 v_n 的内层积分作如下的形式:

$$\int_{\pi/w}^{-2} + \int_{-2}^1 \quad |y|^{p-1}|1-y|^{\alpha-1}\operatorname{sgn}wy\frac{\partial}{\partial w}h_\beta(n,wy)dy,$$

我们就能证明

$$v_n = O\left(\int_{-1/n}^0 | nw |^{-\beta}\, d\int_{-\pi}^w \frac{|\chi(u)|}{|u|^\gamma}\right). \tag{85}$$

因 $\tau_n'' = u_n + v_n + w_n$，故用补助定理6，从(83)，(84)和(85)得着(82)，定理5由是证毕.

6.9　把波三桂的定理推广到切萨罗负阶求和

49.　在这一节，我们用下面的种种记号：

$$(\varphi(t))_0 = \varphi(t),\quad (\varphi(t))_\alpha = (\varphi(t);0,t)_\alpha \quad (\alpha > 0),$$
$$(\varphi(t))'_{1-\alpha} = (\varphi(t))_{-\alpha} \quad (0 < \alpha < 1),$$
$$[\varphi(t)]_\alpha = \Gamma(1+\alpha)t^{-\alpha}(\varphi(t))_\alpha \quad (\alpha > -1).$$

波三桂(Bosanquet)证明当 $\alpha \geqslant 0$ 时，关系

$$\int_0^\pi | d[\varphi(t)]_\alpha | < \infty$$

含有

$$\sum A_n(x) = s \mid C,\alpha + \varepsilon \mid,$$

但是 $\varepsilon > 0$ ， s 表示极限 $\lim_{t\to 0}[\varphi(t)]_\alpha$. 此定理可以拓展到负阶的求和上去：

　　定理 6　设 $0 < \alpha < 1$. 假如函数 $[\varphi(t)]_{-\alpha}$ 在区间 $(0,\pi)$ 上是有界变差，那么 $f(t)$ 的傅里叶级数在点 $t = x$，当 $\beta > -\alpha$ 时，可用 $|C,\beta|$ 求和法求它的和.

　　事实上，我们能证较定理6更广的定理. 定理6是下述定理7当 $q = 0$ 时的特殊情形.

　　定理 7　假如

$$0 < \alpha < \min(1,1+q), \tag{86}$$

并且函数

$$\chi_0(t) = t^{\alpha-q}\frac{d}{dt}\int_0^t \frac{u^q\varphi(u)du}{(t-u)^\alpha}$$

在 $(0,\pi)$ 是有界变差，那么，$f(t)$ 的傅里叶级数在 $t = x$ 可用 $|C,\beta|$ 求和法求它的和，但是 $\beta > -\alpha$.

　　此定理于3.2节，在条件

$$0 < \alpha \leqslant q, \quad \alpha < 1 \tag{87}$$

下是证明过的. 但是在证明中, 条件 $\alpha \leqslant q$ 光是用于建立关系

$$\varphi(t) = ((t^q \varphi(t))_{-\alpha})_\alpha t^{-q}, \tag{88}$$

但是由补助定理 7, 等式(88)是含在定理 7 的假设中, 因为

$$\int_0^\pi t^{q-\alpha} \mid \chi_0(t) \mid dt < \infty.$$

定理 7 由是证毕.

第7章　超球面函数的拉普拉斯级数

50. 设 p 是大于 3 的一整数. 把函数 $(1 - 2z\cos\gamma + z^2)^{-\frac{p-2}{2}}$ 展成 z 的幂级数, 记 z^n 的系数为 $L_n(\cos\gamma)$. 称函数列

$$1 = L_0(\cos\gamma), \quad L_1(\cos\gamma), \quad L_2(\cos\gamma), \cdots \tag{1}$$

为超球面函数. 此地的超球面是 p 度空间中的球面 S:

$$x_1^2 + x_2^2 + \cdots + x_p^2 = 1,$$

设 S 的面元素是 dw, S 上的点 $(x_1, x_2, \cdots, x_p)$ 的极坐标是 $(\theta_1, \theta_2, \cdots, \theta_{p-1})$:

$$\left.\begin{array}{l} x_1 = \cos\theta_1, \\ x_2 = \sin\theta_1\cos\theta_2, \\ \cdots\cdots \\ x_{p-1} = \sin\theta_1\sin\theta_2\cdots\sin\theta_{p-2}\cos\theta_{p-1}, \\ x_p = \sin\theta_1\sin\theta_2\cdots\sin\theta_{p-2}\sin\theta_{p-1}. \end{array}\right\} \begin{array}{l} 0 \leqslant \theta_i \leqslant \pi, i = 1, 2, \cdots, p-2, \\ \qquad 0 \leqslant \theta_{p-1} \leqslant 2\pi. \end{array} \tag{2}$$

函数 $f(\theta_1, \theta_2, \cdots, \theta_{p-1})$ 的拉普拉斯级数是

$$\frac{\Gamma\left(1 + \dfrac{p}{2}\right)}{p\pi^{p/2}} \sum_{n=0}^{\infty} \frac{p + 2n - 2}{p - 2} \int_s L_n(\cos\gamma) f(\theta_1, \theta_2, \cdots, \theta_{p-1}) dw, \tag{3}$$

此地 $0 \leqslant \gamma \leqslant \pi$, 而

$$\begin{aligned}
\cos\gamma =\ & \cos\theta_1 \cdot \cos\theta_1' \\
& + \sin\theta_1\cos\theta_2 \cdot \sin\theta_1'\cos\theta_2' \\
& \qquad\qquad \cdots\cdots \\
& + \sin\theta_1\sin\theta_2\cdots\sin\theta_{p-2}\cos\theta_{p-1} \cdot \sin\theta_1'\sin\theta_2'\cdots\sin\theta_{p-2}'\cos\theta_{p-1}' \\
& + \sin\theta_1\sin\theta_2\cdots\sin\theta_{p-1} \cdot \sin\theta_1'\sin\theta_2'\cdots\sin\theta_{p-1}'.
\end{aligned} \tag{4}$$

连续函数 $f(\theta_1, \cdots, \theta_{p-1})$ 的拉普拉斯级数 (3) 是可用阿贝尔的求和法均匀的求它

的和, 这是洼田忠彦证明的[1]. 至于拉普拉斯级数的切萨罗求和, 革朗瓦[2]当 $p = 3$ 时有充分的研究. 考革贝脱良兹[3]为了研讨普通球面 $x^2 + y^2 + z^2 = 1$ 上的某种形式的级数, 对于超球面函数(1)建立许多重要结果. 本章之目的是在探讨级数(3)的切萨罗可求和性, 这是用了革朗瓦的方法与考贝脱良兹的种种结果的.

设 $k > -1$, 置

$$(k)_n = \frac{\Gamma(k+n+1)}{\Gamma(k+1)\Gamma(n+1)},$$

$$S_n^{(k)}(x) = \sum_{v=0}^{n} \frac{p+2v-2}{p-2} L_v(x),$$

$$S_n^{(k)}(x) = \sum_{v=0}^{n} (k-1)_{n-v} S_v(x) = \sum_{v=0}^{n} (k)_{n-v} \frac{p+2v-2}{p-2} L_v(x).$$

要拉普拉斯级数(3)在点 $(\theta_1', \theta_2', \cdots, \theta_{p-1}')$ 可用切萨罗的求和法 (C, k) 求和的话, 必须而且只需下式

$$S_n^{(k)}\{f(\theta_1', \theta_2', \cdots, \theta_{p-1}')\} = \frac{\Gamma\left(1+\frac{p}{2}\right)}{p\pi^{p/2}(k)_n} \int_S f(\theta_1, \theta_2, \cdots, \theta_{p-1}) S_n^{(k)}(\cos\gamma) dw$$

当 $n \to \infty$ 时, 收敛于一定的有限数. 在 S 上, 假如

$$|f(\theta_1, \theta_2, \cdots, \theta_{p-1})| \leqslant 1,$$

则

$$\left| S_n^{(k)}\{f(\theta_1', \theta_2', \cdots, \theta_{p-1}')\} \right| \leqslant \frac{\Gamma\left(1+\frac{p}{2}\right)}{p\pi^{p/2}(k)_n} \int_S \left| S_n^{(k)}(\cos\gamma) \right| dw.$$

置 $f(\theta_1, \theta_2, \cdots, \theta_{p-1}) = \sin S_n^{(k)}(\cos\gamma)$, 就明白上式右方等于

$$\rho_n^{(k)} = \max_{|f| \leqslant 1} |S_n^{(k)}\{f(\theta_1', \theta_2', \cdots, \theta_{p-1}')\}|.$$

---

[1] T. Kubota [1].

[2] T. H. Gronwall [1].

[3] E. Kogbetlianz [1].

补助定理 1　一切数 $\rho_0^{(k)}, \rho_1^{(k)}, \cdots, \rho_n^{(k)}, \cdots$ 都是和点 $(\theta_1', \theta_2', \cdots, \theta_{p-2}')$ 无关系——它们是 S 上直交函数系 $L_1, L_2, \cdots$ 的勒贝格常数. 并且

$$\begin{cases} \text{当 } k > \dfrac{p-2}{2} \text{ 时,} & \rho_n^{(k)} < \rho^{(k)}, \rho^{(k)} \text{是一有限数;} \\[3mm] \text{当 } k \leqslant \dfrac{p-2}{2} \text{ 时,} & \lim_{n \to \infty} \rho_n^{(k)} = \infty. \end{cases}$$

此命题的第一部分可从 γ 的几何意义明白. 在 p 度空间中, 设 P, P' 的坐标是 $(\theta_1, \theta_2, \cdots, \theta_{p-1}), (\theta_1', \theta_2', \cdots, \theta_{p-1}')$, O 表示原点的话, γ 表示 $\overline{OP}$ 与 $\overline{OP'}$ 间所成之角. 积分

$$\int_s |S_n^{(k)}(\cos\gamma)| \, dw$$

之值, 与 S 上之点的位置无关系. 特别取 $\theta_1' = 0$, 则由(4)得

$$\begin{aligned} \rho_n^{(k)} &= \Gamma \frac{\Gamma\left(1+\dfrac{p}{2}\right)}{p\pi^{p/2}(k)_n} \int_s S_n^{(k)}(\cos\theta_1) dw \\[3mm] &= \frac{\Gamma\left(1+\dfrac{p}{2}\right)}{p\pi^{p/2}(k)_n} \int_0^{2\pi} \int_0^{\pi} \cdots \int_0^{\pi} |S_n^{(k)}(\cos\theta_1)| \sin^{p-2}\theta_1 \sin^{p-3}\theta_2 \cdots \sin\theta_{p-2} \\ &\quad \cdot d\theta_{p-1} d\theta_{p-2} \cdots d\theta_2 d\theta_1 \\[3mm] &= \frac{\Gamma\left(1+\dfrac{p}{2}\right)}{p\pi^{p/2}(k)_n} \int_0^{\pi} |S_n^{(k)}(\cos\theta_1)| \sin^{p-2}\theta_1 d\theta_1 \times \left(\begin{matrix} x_1^2 + x_2^2 + \cdots + x_{p-1}^2 = 1 \\ \text{的表面积} \end{matrix}\right) \\[3mm] &= \frac{\Gamma\left(1+\dfrac{p}{2}\right)}{p\pi^{p/2}(k)_n} \int_0^{\pi} |S_n^{(k)}(\cos\theta_1)| \sin^{p-2}\theta_1 d\theta_1 \times \frac{(p-1)\pi^{(p-1)/2}}{\Gamma\left(1+\dfrac{p-1}{2}\right)} \\[3mm] &= \frac{p-1}{p} \frac{\Gamma\left(1+\dfrac{p}{2}\right)}{\Gamma\left(\dfrac{1}{2}\right)\Gamma\left(\dfrac{1}{2}+\dfrac{p}{2}\right)} \frac{1}{(k)_n} \int_0^{\pi} |S_n^{(k)}(\cos\theta_1)| \sin^{p-2}\theta_1 d\theta_1 \\[3mm] &= \int_0^{\pi} |S_n^{(k)}(\cos\theta_1)| \sin^{p-2}\theta_1 d\theta_1 / (k)_n \cdot \int_0^{\pi} \sin^{p-2}u \, du. \end{aligned}$$

因此, 由变数的变更, 得

$$\rho_n^{(k)} = \int_{-1}^{1} |\, S_n^{(k)}(t)\,| (1-t^2)^{(p-3)/2}\,dt \Big/ (k)_n \int_{-1}^{1} (1-t^2)^{(p-3)/2}\,dt.$$

余下的证明需要下述考革贝脱良兹所得的种种结果[1].

设 $(1 - 2xz^2 + z^2)^{-\lambda} = \sum_{0}^{\infty} z^n P_n^{(\lambda)}(x)$. 又设级数

$$\sum_{n=0}^{\infty} (n+\lambda) P_n^{(\lambda)}(x)$$

的 δ 阶的第 n 算术平均数为 $S_n^{(\delta,\lambda)}(x)$. 写

$$\rho_n^{(\delta,\lambda)} = \int_{-1}^{1} \frac{|\, S_n^{(\delta,\lambda)}(x)\,|}{(1-x^2)^{\frac{1}{2}-x}}\,dx$$

的话, 则

$$\begin{cases} \text{当 } \delta > \lambda > 0 \text{ 时}, \ \rho_n^{(\delta,\lambda)} < R(\text{常数}); \\ \text{当 } \delta \leqslant \lambda \text{ 时}, \qquad \lim_{n\to\infty} \rho_n^{(\delta,\lambda)} = +\infty. \end{cases}$$

现在 $\lambda = \dfrac{p-2}{2}, P_n^{(\lambda)}(x) = L_n(x), \delta = k$, 又由 $S_n^{(k)}(x)$ 的定义,

$$\begin{aligned}
S_n^{(\delta,\lambda)}(x) &= \frac{1}{(k)_n} \sum_{v=0}^{n} (k)_{n-v} \left(n + \frac{p-2}{2} \right) L_v(x) \\
&= \frac{p-2}{2(k)_n} \sum_{v=0}^{n} (k)_{n-v} \frac{p+2n-2}{p-2} L_v(x) \\
&= \frac{p-2}{2(k)_n} S_n^{(k)}(x).
\end{aligned}$$

因此

$$S_n^{(k)}(x) = \frac{2(k)_n}{p-2} S_n^{(\delta,\lambda)}(x) = \frac{2(k)_n}{p-2} S_n^{(k,(p-2)/2)}(x),$$

$$\rho_n^{(k)} = \frac{2}{p-2} \rho_n^{(\delta,\lambda)} \Big/ \int_{-1}^{1} (1-t^2)^{(p-3)/2}\,dt. \tag{5}$$

---

① Kogbetliantz [1].

由是即得补助定理 1 的后半.

从恒等式(5)，我们可述

补助定理 2 若 $0 \leqslant \gamma \leqslant \pi, k \geqslant 0$ ，则

$$| S_n^{(k)}(\cos \gamma) | \leqslant (k)_n (\sin \gamma)^{-(p-2)/2} \left[\frac{b_1(n+1)^{(p-2)/2-k}}{\left(\sin \dfrac{\gamma}{2} \right)^{k+1}} + \frac{b_2(n+1)^{-1}}{\left(\sin \dfrac{\gamma}{2} \right)^{p/2+1}} \right],$$

b_1 和 b_2 都是正的常数. 又若 $0 \leqslant \gamma \leqslant \pi, -1 < k < p-1$ ，则

$$| S_n^{(k)}(\cos \gamma) | \leqslant (k)_n \frac{(n+1)^{p-2-k}}{\left(\sin \dfrac{\gamma}{2} \right)^{k+1}}.$$

7.1 当 $k \geqslant p-2$ 时，以(C,k)求和法求拉普拉斯级数的和

51. 在本节，我们证明

定理 1 设函数 $f(\theta_1, \theta_2, \cdots, \theta_{p-1})$ 在超球面 $S: x_1^2 + x_2^2 + \cdots + x_p^2 = 1$ 上是绝对值可以积分的；$\theta_1, \theta_2, \cdots, \theta_{p-1}$ 表示 p 度空间中的极坐标. 假如 $(\theta_1', \theta_2', \cdots, \theta_{p-1}')$ 是函数 $f(\theta_1, \theta_2, \cdots, \theta_{p-1})$ 之一连续点，那么拉普拉斯级数

$$\frac{\Gamma\left(1+\dfrac{p}{2}\right)}{p\pi^{p-2}} \sum_{n=0}^{\infty} \frac{p+2n-2}{p-2} \int_S L_n(\cos \gamma) f(\theta_1, \theta_2, \cdots, \theta_{p-1}) d\omega$$

可用切萨罗平均法 (C, α) 求和，和是 $f(\theta_1', \theta_2', \cdots, \theta_{p-1}')$ ，但 $\alpha \geqslant p-2$. 在 $f(\theta_1, \theta_2, \cdots, \theta_{p-1})$ 的连续点区域中的任何闭集上，用 $(C, \alpha)(\alpha \geqslant p-2)$ 平均法均匀的可以求级数之和.

在证明定理 1 之先，我们注意方程 $\sin \gamma = 0 (0 \leqslant \gamma \leqslant \pi)$ 的解，只有下述两组：

$$\theta_1 = \theta_1', \quad \theta_2 = \theta_2', \cdots, \quad \theta_{p-1} = \theta_{p-1}';$$
$$\theta_1 = \pi - \theta_1', \ \theta_2 = \pi - \theta_2', \cdots, \quad \theta_{p-2} = \pi - \theta_{p-2}', \quad \theta_{p-1} = \pi + \theta_{p-1}'.$$

事实上，设对应于点 $(\theta_1', \theta_2', \cdots, \theta_{p-1}')$ 的卡脱坐标是 $(x_1', x_2', \cdots, x_p^1)$. 当 $\cos \gamma = +1$ 时，

从 $\sum_1^p (x_i - x_i')^2 = 0$ ，得 $x_1 = x_1', \cdots, x_p = x_p'$ ；因此，

$$\theta_1 = \theta_1', \theta_2 = \theta_2', \cdots, \theta_{p-1} = \theta_{p-1}'.$$

假如 $\cos \gamma = -1$ ，则从 $\sum(x_i + x_i')^2 = 2 - 2 = 0$ ，得 $x_1 = -x_1', \cdots, x_p = -x_p'$ ．因此，由 (2)，

$$\theta_1 = \pi - \theta_1', \quad \theta_2 = \pi - \theta_2', \cdots, \theta_{p-2} = \pi - \theta_{p-2}', \quad \theta_{p-1} = \pi + \theta_{p-1}'.$$

称点 $(\pi - \theta_1', \pi - \theta_2', \cdots, \pi - \theta_{p-2}', \pi + \theta_{p-1}')$ 为点 $(\theta_1', \theta_2', \cdots, \theta_{p-1}')$ 的对极．设 $0 < \varepsilon < \dfrac{\pi}{2}$ ，在 S 上以半径 ε 作超越圆．记 S 上以此圆围绕点 $(\theta_1', \theta_2', \cdots, \theta_{p-1}')$ 的部分为 S_1 ．若 $(\theta_1, \theta_2, \cdots, \theta_{p-1})$ 是 S_1 上的一点，则 $\gamma \leqslant \varepsilon$ ．记 S 上绕点 $(\pi - \theta_1', \cdots, \pi - \theta_{p-2}', \pi + \theta_{p-1}')$ 的超越圆——半径为 ε ——围成的部分为 S_2 ．写 $S_3 = S - S_1 - S_2$ ，那么，

$$S_n^{(k)}\{f(\theta_1', \theta_2', \cdots, \theta_{p-1}')\} = \frac{\Gamma\left(1 + \dfrac{p}{2}\right)}{p\pi^{p/2}(k)_n} \int_S f(\theta_1, \cdots, \theta_{p-1}) S_n^{(k)}(\cos\gamma) dw$$

$$= \frac{\Gamma\left(1 + \dfrac{p}{2}\right)}{p\pi^{p/2}(k)_n} \left(\int_{S_1} + \int_{S_2} + \int_{S_3} \right).$$

因 $(\theta_1', \theta_2', \cdots, \theta_{p-1}')$ 是 $f(\theta_1, \theta_2, \cdots, \theta_{p-1})$ 之一连续点，所以对于正数 η ，可以选取如下的 ε ，当 $(\theta_1, \cdots, \theta_{p-1})$ 在 S_1 上时，

$$\mid f(\theta_1, \cdots, \theta_{p-1}) - f(\theta_1', \cdots, \theta_{p-1}') \mid < \frac{\eta}{\rho^{(k)}}.$$

因此，由补助定理 1，

$$\frac{\Gamma\left(1 + \dfrac{p}{2}\right)}{p\pi^{p/2}(k)_n} \left| \int_{S_1} f(\theta_1, \cdots, \theta_{p-1}) S_n^{(k)}(\cos\gamma) d\omega - \int_{S_1} f(\theta_1', \cdots, \theta_{p-1}') S_n^{(k)}(\cos\gamma) d\omega \right|$$

$$\leqslant \frac{\Gamma\left(1 + \dfrac{p}{2}\right)}{p\pi^{p/2}(k)_n} \frac{\eta}{\rho^{(k)}} \int_{S_1} \mid S_n^{(k)}(\cos\gamma) \mid d\omega = \eta, \quad k > \frac{p-2}{2}.$$

又由补助定理 2，

$$\frac{\Gamma\left(1+\dfrac{p}{2}\right)}{p\pi^{p/2}(k)_n}\left|\int_{S_1}S_n^{(k)}(\cos\gamma)d\omega-\int_S S_n^{(k)}(\cos\gamma)d\omega\right|=$$

$$=\frac{\Gamma\left(1+\dfrac{p}{2}\right)}{p\pi^{p/2}(k)_n}\left|\int_{S_2+S_3}S_n^{(k)}(\cos\gamma)d\omega\right|<\frac{\Gamma\left(1+\dfrac{p}{2}\right)}{p\pi^{p/2}(k)_n}\int_{S_2+S_3}\left|S_n^{(k)}(\cos\gamma)\right|d\omega$$

$$<\frac{\Gamma\left(1+\dfrac{p}{2}\right)}{p\pi^{p/2}(k)_n}\int_{S_2+S_3}(k)_n(\sin\gamma)^{-(p-2)/2}\left[\frac{b_1(n+1)^{(p-2)/2-k}}{(\sin\gamma)^{k+1}}+\frac{b_2(n+1)^{-1}}{(\sin\gamma)^{p/2+1}}\right]d\omega$$

$$<\frac{\Gamma\left(1+\dfrac{p}{2}\right)}{p\pi^{p/2}}\left[\frac{b_1(n+1)^{(p-2)/2-k}}{\left(\sin\dfrac{\varepsilon}{2}\right)^{k+1}}+\frac{b_2(n+1)^{-1}}{\left(\sin\dfrac{\varepsilon}{2}\right)^{p/2+1}}\right]\int_{S_2+S_3}(\sin\gamma)^{-(p-2)/2}d\omega,$$

这是由于 $\varepsilon<\gamma\leqslant\pi$ 在 S_2+S_3 上成立. 但是

$$\int_{S_2+S_3}(\sin\gamma)^{-(p-2)/2}d\omega<\int_S(\sin\gamma)^{-(p-2)/2}d\omega=\int_S(\sin\theta_1)^{-(p-2)/2}d\omega$$

$$=\int_0^{2\pi}\int_0^\pi\cdots\int_0^\pi(\sin\theta_1)^{-(p-2)/2}(\sin\theta_1)^{p-2}(\sin\theta_2)^{p-3}\cdots\sin\theta_{p-2}d\theta_{p-1}\cdots d\theta_1$$

$$=\int_0^\pi(\sin\theta_1)^{(p-2)/2}d\theta_1\times(x_1^2+\cdots+x_{p-1}^2=1\text{ 的表面积})$$

$$=\int_0^\pi(\sin\theta_1)^{(p-2)/2}d\theta_1\cdot\frac{(p-1)\pi^{(p-1)/2}}{\Gamma\left(1+\dfrac{p-1}{2}\right)}, \tag{6}$$

这是一个有限数. 所以，当 $k\geqslant 0$ 时，

$$\frac{\Gamma\left(1+\dfrac{p}{2}\right)}{p\pi^{p/2}(k)_n}\left|\int_{S_1}S_n^{(k)}(\cos\gamma)d\omega-\int_S S_n^{(k)}(\cos\gamma)d\omega\right|$$

$$<\frac{b_3(n+1)^{(p-2)/2-k}}{\left(\sin\dfrac{\varepsilon}{2}\right)^{k+1}}+\frac{b_4(n+1)^{-1}}{\left(\sin\dfrac{\varepsilon}{2}\right)^{p/2+1}}.$$

又由 $S_n^{(k)}(x)$ 的定义，得

$$\frac{\Gamma\left(1+\frac{p}{2}\right)}{p\pi^{p/2}(k)_n}\int_S S_n^{(k)}(\cos\gamma)d\omega = \frac{\Gamma\left(1+\frac{p}{2}\right)}{\pi^{p/2}p(k)_n}\int_S \sum_{v=0}^n (k)_{n-v}\frac{p+2v-2}{p-2}L_v(\cos\gamma)d\omega$$

$$=\frac{\Gamma\left(1+\frac{p}{2}\right)}{p\pi^{p/2}(k)_n}\int_S (k)_n d\omega + \frac{\Gamma\left(1+\frac{p}{2}\right)}{p\pi^{p/2}(k)_n}\int_S \sum_{v=1}^n (k)_{n-v}\frac{p-2v-2}{p-2}L_v(\cos\gamma)d\omega$$

$$=1+0=1,$$

这是由于

$$\int_S L_v(\cos\gamma)d\omega = \int_S L_v(\cos\gamma)L_0(\cos\gamma)d\omega = 0, \quad v=1,2,\cdots.$$

综合上面所得的结果，当 $k>\dfrac{p-2}{2}$ 时，

$$\left|\frac{\Gamma\left(1+\frac{p}{2}\right)}{p\pi^{p/2}(k)_n}\int_{S_1} f(\theta_1,\theta_2,\cdots,\theta_{p-1})S_n^{(k)}(\cos\gamma)d\omega - f(\theta_1',\cdots,\theta_{p-1}')\right|$$

$$< \eta + |f(\theta_1',\cdots,\theta_{p-1}')|\left[\frac{b_3(n+1)^{(p-2)/2-k}}{\left(\sin\frac{\varepsilon}{2}\right)^{k+1}} + \frac{b_4(n+1)^{-1}}{\left(\sin\frac{\varepsilon}{2}\right)^{p/2+1}}\right]$$

$$< \eta + \eta |f(\theta_1',\cdots,\theta_{p-1}')|, \quad n>n_1(\varepsilon,\eta). \tag{7}$$

在 S_2 上，设 $k=p-2$，利用补助定理 2，得

$$\frac{\Gamma\left(1+\frac{p}{2}\right)}{p\pi^{p/2}(k)_n}\left|\int_{S_2} f(\theta_1,\cdots,\theta_{p-1})S_n^{(p-2)}(\cos\gamma)d\omega\right|$$

$$\leqslant \frac{\Gamma\left(1+\frac{p}{2}\right)}{p\pi^{p/2}(k)_n}\int_{S_2} |f(\theta_1,\cdots,\theta_{p-1})||S_n^{(p-2)}(\cos\gamma)|d\omega$$

$$\leqslant \frac{\Gamma\left(1+\frac{p}{2}\right)}{p\pi^{p/2}(k)_n}(k)_n\int_{S_2} \frac{|f(\theta_1,\cdots,\theta_{p-1})|}{\left(\sin\frac{\gamma}{2}\right)^{p-1}}d\omega$$

$$< b_5\int_{S_2} |f(\theta_1,\cdots,\theta_{p-1})|d\omega,$$

最后的关系是由于 $\dfrac{\pi}{2} < \pi - \varepsilon \leqslant \gamma \leqslant \pi$. 积分

$$b_5 \int_{S_2} | f(\theta_1, \cdots, \theta_{p-1}) | \, d\omega$$

与 n 无关系，取 ε 相当小，可使之小于 η，并且可使

$$b_5 \int_{S_2} | f(\theta_1, \cdots, \theta_{p-1}) | \, d\omega < \eta$$

在 S 上均匀的成立. 因此在 S 上，关系

$$\frac{\Gamma\left(1+\dfrac{p}{2}\right)}{p\pi^{p/2}(k)_n} \left| \int_{S_2} f(\theta_1, \cdots, \theta_{p-1}) S_n^{(p-2)}(\cos\gamma) d\omega \right| < \eta$$

均匀的成立.

在 S_3 上，$\varepsilon < \gamma < \pi - \varepsilon$，所以

$$\frac{\Gamma\left(1+\dfrac{p}{2}\right)}{p\pi^{p/2}(k)_n} \left| \int_{S_3} f(\theta_1, \cdots, \theta_{p-1}) S_n^{(k)}(\cos\gamma) d\omega \right|$$

$$\leqslant \frac{\Gamma\left(1+\dfrac{p}{2}\right)}{p\pi^{p/2}(k)_n} \int_{S_3} \left| f(\theta_1, \cdots, \theta_{p-1}) \right| (k)_n (\sin\gamma)^{-(p-2)/2}$$

$$\times \left[\frac{b_1(n+1)^{(p-2)/2-k}}{\left(\sin\dfrac{\gamma}{2}\right)^{k+1}} + \frac{b_2(n+1)^{-1}}{\left(\sin\dfrac{\gamma}{2}\right)^{p/2+1}} \right] d\omega$$

$$< (\sin\varepsilon)^{-(p-2)/2} \left[\frac{b_6(n+1)^{(p-2)/2-k}}{\left(\sin\dfrac{\varepsilon}{2}\right)^{k+1}} + \frac{b_7(n+1)^{-1}}{\left(\sin\dfrac{\varepsilon}{2}\right)^{p/2+1}} \right], \quad k \geqslant 0,$$

这是由于 $\int_{S_3} | f | \, d\omega < \int_{S} | f | \, d\omega < \infty$. 所以当 $k > \dfrac{p-2}{2}$ 时，对于正数 η，如有 $n_2 = n_2(\eta), n > n_2$ 的话，

$$\frac{\Gamma\left(1+\dfrac{p}{2}\right)}{p\pi^{p/2}(k)_n}\left|\int_{S_3} f(\theta_1,\cdots,\theta_{p-1})S_n^{(k)}(\cos\gamma)d\omega\right|<\eta.$$

设 $n_0=\max(n_1,n_2)$ ，当 $n>n_0$ 时，不等式

$$\left|S_n^{(k)}\{f(\theta_1',\theta_2',\cdots,\theta_{p-1}')\}-f(\theta_1',\cdots,\theta_{p-1}')\right|<3\eta+\eta\mid f(\theta_1',\cdots,\theta_{p-1}')\mid. \tag{8}$$

这样，当 $k=p-2$ 时定理 1 成立. 因此当 $k>p-2$ 时，定理 1 成立.

7.2 当 $k\geqslant\dfrac{p-2}{2}$ 时，以 (C,k) 求和法的拉普拉斯级数的和

52. 我们利用补助定理 2 的第一部分来估计

$$\frac{\Gamma\left(1+\dfrac{p}{2}\right)}{p\pi^{p/2}(k)_n}\left|\int_{S_2} f(\theta_1,\cdots,\theta_{p-1})S_n^{(k)}(\cos\gamma)d\omega\right|.$$

此式小于或等于

$$\frac{\Gamma\left(1+\dfrac{p}{2}\right)}{p\pi^{p/2}(k)_n}\int_{S_2}\mid f(\theta_1,\cdots,\theta_{p-1})\mid\cdot\mid S_n^{(k)}(\cos\gamma)\mid\cdot\mid d\omega\mid$$

$$\leqslant\frac{\Gamma\left(1+\dfrac{p}{2}\right)}{p\pi^{p/2}(k)_n}\int_{S_2}\left|f(\theta_1,\cdots,\theta_{p-1})\right|(k)_n(\sin\gamma)^{-(p-2)/2}$$

$$\times\left[\frac{b_1(n+1)^{(p-2)/2-k}}{\left(\sin\dfrac{\gamma}{2}\right)^{k+1}}+\frac{b_2(n+1)^{-1}}{\left(\sin\dfrac{\gamma}{2}\right)^{p/2+1}}\right]d\omega$$

$$\leqslant\left[b_8(n+1)^{(p-2)/2-k}+b_9(n+1)^{-1}\right]\cdot\int_{S_2}\mid f(\theta_1,\cdots,\theta_{p-1})\mid(\sin\gamma)^{-(p-2)/2}d\omega.$$

最后的积分假如是一有限值，则当 $k>\dfrac{p-2}{2}$ 时，

$$\lim_{n\to\infty}\frac{\Gamma\left(1+\dfrac{p}{2}\right)}{p\pi^{p/2}(k)_n}\int_{S_2} f(\theta_1,\cdots,\theta_{p-1})S_n^{(k)}(\cos\gamma)d\omega=0. \tag{9}$$

当函数 $f(\theta_1,\theta_2,\cdots,\theta_{p-1})$ 在点 $(\theta_1',\cdots,\theta_{p-1}')$ 之对极的环境 S_2 上是有界时,上记的关系 (9)的确成立. 事实上,注意着(6),

$$\int_{S_2}\frac{d\omega}{(\sin\gamma)^{(p-2)/2}}<\int_S\frac{d\omega}{(\sin\gamma)^{(p-2)/2}}.$$

不等式(7)和(8)是当 $k>\dfrac{p-2}{2}$ 时成立的. 因此我们可以叙述如下的定理.

定理 2   设 $k>\dfrac{p-2}{2}$. 假如 $(\theta_1',\cdots,\theta_{p-1}')$ 是 $f(\theta_1,\cdots,\theta_{p-1})$ 之一连续点,并且在 此点的对极 $(\pi-\theta_1',\cdots,\pi-\theta_{p-2}',\pi+\theta_{p-1}')$,条件(9)成立,那么拉普拉斯级数

$$\frac{\Gamma\left(1+\dfrac{p}{2}\right)}{p\pi^{p/2}}\sum_{n=0}^{\infty}\frac{p+2n-2}{p-2}\int_S f(\theta_1,\theta_2,\cdots,\theta_{p-1})L_n(\cos\gamma)d\omega$$

可用切萨罗的求和法 (C,k) 求它的和,和为 $f(\theta_1',\theta_2',\cdots,\theta_{p-1}')$. 当 $f(\theta_1,\cdots,\theta_{p-1})$ 在 $(\theta_1',\cdots,\theta_{p-1}')$ 的对极的环境中为有界时,条件(9)成立,其实当积分

$$\int_S\frac{|f(\theta_1,\theta_2,\cdots,\theta_{p-1})|}{(\sin\gamma)^{(p-2)/2}}d\omega$$

是有限时,(9)已能成立. 假如 $f(\theta_1,\cdots,\theta_{p-1})$ 在区域中是均匀连续,并且对于此区 域,条件(9)均匀的成立,那么拉普拉斯级数可用 (C,k) 求和法均匀的求它的和.

系   连续函数 $f(\theta_1,\cdots,\theta_{p-1})$ 的拉普拉斯级数可用 (C,k) 求和法均匀的求它的 和,但 $k>\dfrac{p-2}{2}$.

此结果包含前面所引过的洼田定理.

7.3 $p-2$ 是临界的阶

53. 下文我们举例表示当 $k<p-2$ 时,在 $f(\theta_1,\cdots,\theta_{p-1})\in L$ 的连续点,未必可 用 (C,k) 平均法求 $f(\theta_1,\cdots,\theta_{p-1})$ 的拉普拉斯级数的和. 首先我们导出对应于勒让德 (Legendre)函数的级数. 这种做法,当 $p=3$ 时,费耶曾经做过[1].
   置 $f(\theta_1,\theta_2,\cdots,\theta_{p-1})\equiv\psi(\cos\theta_1)$,就得着级数

---

① L. Fejér [1]. §4.

$$\frac{\Gamma\left(1+\dfrac{p}{2}\right)}{p\pi^{p/2}}\sum_{n=0}^{\infty}\frac{p+2n-2}{p-2}\int_S \psi(\cos\theta_1)L_n(\cos\gamma)d\omega.$$

此级数可以改写为

$$\frac{\Gamma\left(1+\dfrac{p}{2}\right)}{p\pi^{p/2}}\sum_{n=0}^{\infty}\frac{p+2n-2}{p-2}\int_0^{\pi}\psi(\cos\theta_1)\sin^{p-2}\theta_1 f_n(\theta_1)d\theta_1, \tag{10}$$

但是

$$f_n(\theta_1)=\int_0^{2\pi}\int_0^{\pi}\cdots\int_0^{\pi}L_n(\cos\gamma)\sin^{p-3}\theta_2\sin^{p-4}\theta_3\cdots\sin_{p-2}d\theta_{p-1}d\theta_{p-2}\cdots d\theta_2.$$

置

$$\begin{aligned}
\cos\overline{\gamma} &= \cos\theta_2\cos\theta_2'\\
&\quad + \sin\theta_2\cos\theta_3\cdot\sin\theta_2'\cos\theta_3'\\
&\qquad\cdots\cdots\\
&\quad + \sin\theta_2\cdots\sin\theta_{p-2}\cos\theta_{p-1}\cdot\sin\theta_2'\cdots\sin\theta_{p-2}'\cos\theta_{p-1}'\\
&\quad + \sin\theta_2\cdots\sin\theta_{p-2}\sin\theta_{p-1}\cdot\sin\theta_2'\cdots\sin\theta_{p-2}'\sin\theta_{p-1}',
\end{aligned}$$

则 $\cos\gamma=\cos\theta_1\cos\theta_1'+\sin\theta_1\sin\theta_1'\cos\overline{\gamma}$. 因此, 写 $\theta_{i+1}=\overline{\theta}_i$ 的话,

$$\begin{aligned}
f_n(\theta)_1 &= \int_0^{2\pi}\int_0^{\pi}\cdots\int_0^{\pi}L_n(\cos\theta_1\cos\theta_1'+\sin\theta_1\sin\theta_1'\cos\overline{\gamma})\cdot\sin^{p-3}\theta_2\sin^{p-4}\theta_3\cdots\sin\theta_{p-2}\\
&\quad\cdot d\theta_{p-1}d\theta_{p-2}\cdots d\theta_3 d\theta_2\\
&= \int_0^{2\pi}\int_0^{\pi}\cdots\int_0^{\pi}L_n(\cos\theta_1\cos\theta_1'+\sin\theta_1\sin\theta_1'\cos\overline{\gamma})\cdot\sin^{p-3}\overline{\theta}_1\sin^{p-4}\overline{\theta}_2\cdots\sin\overline{\theta}_{p-3}\\
&\quad\cdot d\overline{\theta}_{p-2}d\overline{\theta}_{p-3}\cdots d\overline{\theta}_1.
\end{aligned}$$

最后的积分等于

$$\int_{\overline{S}}L_n(\cos\theta_1\cos\theta_1'+\sin\theta_1\sin\theta_1'\cos\overline{\theta}_1)d\overline{\omega},$$

此地 $d\overline{\omega}$ 表示超球面 $\overline{S}: x_1^2+x_2^2+\cdots+x_{p-1}^2=1$ 的表面元素, 这是由于 $\overline{\gamma}$ 的几何意义. 因此

$$f_n(\theta_1)=\int_0^{\pi}L_n(\cos\theta_1\cos\theta_1'+\sin\theta_1\sin\theta_1'\cos\overline{\theta}_1)\sin^{p-3}\overline{\theta}_1 d\overline{\theta}_1 \times A,$$

此地 A 是 $x_1^2 + x_2^2 + \cdots + x_{p-2}^2 = 1$ 的表面积. 所以

$$f_n(\theta_1) = \frac{(p-2)\pi^{(p-2)/2}}{\Gamma\left(1+\dfrac{p-2}{2}\right)} \int_0^\pi L_n(\cos\theta_1 \cos\theta_1' + \sin\theta_1 \sin\theta_1' \cos\overline{\theta}_1)\sin^{p-3}\overline{\theta}_1 d\overline{\theta}_1.$$

由 $L_n(\cos\gamma)$ 的加法定理，上式化成

$$f_n(\theta_1) = \frac{(p-2)\pi^{(p-2)/2}}{\Gamma\left(\dfrac{p}{2}\right)} \cdot \frac{\pi^{\frac{1}{2}}\Gamma\left(\dfrac{p-2}{2}\right)}{\Gamma\left(\dfrac{p-2}{2}\right)} \cdot \frac{\Gamma(n+1)\Gamma(p-2)}{\Gamma(n+p-2)} \cdot L_n(\cos\theta_1)L_n(\cos\theta_1').$$

因此级数(10)中第 $n+1$ 项化为

$$\frac{\Gamma\left(1+\dfrac{p}{2}\right)}{p\pi^{p/2}} \cdot \frac{p+2n-2}{p-2} \cdot \frac{(p-2)\pi^{(p-2)/2}}{\Gamma\left(\dfrac{p}{2}\right)} \cdot \frac{\pi^{\frac{1}{2}}\Gamma\left(\dfrac{p-2}{2}\right)}{\Gamma\left(\dfrac{p-1}{2}\right)} \cdot \frac{\Gamma(n+1)\Gamma(p-2)}{\Gamma(n+p-2)}$$

$$\cdot L_n(\cos\theta_1') \int_0^\pi \psi(\cos\theta_1)L_n(\cos\theta_1)\sin^{p-2}\theta_1 d\theta_1$$

$$= \frac{(p-3)!\,\Gamma\left(\dfrac{p-2}{2}\right)}{2\pi^{\frac{1}{2}}\Gamma\left(\dfrac{p-1}{2}\right)} \cdot \frac{(p+2n-2)n!}{(n+p-3)!} L_n(x) \int_{-1}^1 \psi(y)L_n(y)(1-y^2)^{(p-2)/2} dy,$$

此地 $x = \cos\theta_1'$. 由是所要的级数是

$$\frac{(p-3)!\,\Gamma\left(\dfrac{p-2}{2}\right)}{2\pi^{1/2}\Gamma\left(\dfrac{p-1}{2}\right)} \sum_{n=0}^\infty \frac{(p+2n-2)n!}{(n+p-3)!} L_n(x) \int_{-1}^1 \psi(y)L_n(y)(1-y^2)^{(p-3)/2} dy. \quad (11)$$

置 $\lambda = \dfrac{p-2}{2}$，则上记的级数可以写作

$$\sum_{n=0}^\infty \frac{(n+\lambda)\Gamma(\lambda)}{\Gamma\left(\dfrac{1}{2}+\lambda\right)\Gamma\left(\dfrac{1}{2}\right)} \cdot \frac{\Gamma(n+1)\Gamma(2\lambda)}{\Gamma(n+2\lambda)} P_n^{(\lambda)}(x) \int_{-1}^1 (1-t^2)^{\lambda-\frac{1}{2}}\psi(t)P_n^{(\lambda)}(t)dt. \quad (12)$$

级数(12)是上面所引考贝脱良兹的论文中之(I).

考革贝脱良兹把函数

$$\frac{2^q}{(1-x)^q} \quad \left(0 < q < \frac{p-1}{2}\right)$$

展成级数(11)：

$$\frac{2^q}{(1-x)^q} \sim \frac{2^{p-2}\Gamma\left(\dfrac{p-2}{2}\right)\Gamma\left(\dfrac{p-1}{2}-q\right)}{\pi^{\frac{1}{2}}\Gamma(q)} \sum_{n=0}^{\infty} \frac{\Gamma(n+q)}{\Gamma(n+p-q-1)} L_n(x),$$

然后他证明此级数在函数的连续点 $x = -1$，不能用切萨罗的求和法 (C,k)，$k < p-2$，求它的和. 此结果，我们已经够用了. 事实上，函数

$$\frac{2^q}{(1-\cos\theta_1)^q} \quad 0 < q < \frac{p-1}{2}$$

的绝对值，在超球面 $x_1^2 + x_2^2 + \cdots + x_p^2 = 1$ 上的积分是收敛的：

$$\int_s \frac{2^q d\omega}{(1-\cos\theta_1)^q} = \frac{(p-1)\pi^{(p-2)/2}}{\Gamma\left(1+\dfrac{p-1}{2}\right)} \int_0^\pi \frac{2^q}{(1-\cos\theta_1)^q} \sin^{p-3}\theta_1 d\theta_1$$

$$= \frac{(p-1)\pi^{(p-1)/2}}{\Gamma\left(\dfrac{p+1}{2}\right)} 2^q \int_{-1}^1 \frac{(1-t^2)^{(p-3)/2}}{(1-t)^q} dt$$

$$= \frac{(p-1)2^q \pi^{(p-1)/2}}{\Gamma\left(\dfrac{p+1}{2}\right)} \int_{-1}^1 (1+t)^{(p-3)/2} \cdot (1-t)^{(p-3)/2-q} dt,$$

由于 $\dfrac{p-3}{2} - q = \left(\dfrac{p-1}{2} - q\right) - 1 > -1$，最后的积分是一有限数. 由是，函数 $2^q(1-\cos\theta_1)^{-q}$ 虽然在点 $(\pi, \theta_2, \theta_3, \cdots, \theta_{p-1})$ 是连续，它的拉普拉斯级数不能用 (C,k) 求和法求它的和，但是 $k < p-2$.

参 考 文 献

Bohr, H. _____[1] *Göttinger Nachrichten* (1909).

Borgen, S. ____[1] *Mathematische Annalen* **98** (1927).

Bosanquet, L. S.__[1] *Journal London Mathematical Society* **11**(1936).
　　　　　　　　[2]*Proceedings London Mathematical Society* **41**(1935).

Bosanquet, L. S. and Hyslop, J. M.__[1] *Mathematische Zeitschrift* **42**(1937).

Bosanquet, L. S. and Kestleman, H.__[1] *Proceedings London Mathematical Society* (2) **45**
　　　　　　　　　　　　　　　　(1930).

Bossolasco, M.___[1] *Atti Acc.* Torino **62** (1927).

Chapman, S. ____[1] *Proceedings London Mathematical Society* (2) **9** (1910).

Chen, K. K. ____[1] *Proceedings Imperial Academy, Tokyo,* **4** (1928).
　　　　　　　　[2] *Tôhoku Mathematical Journal* **29** (1928).
　　　　　　　　[3] *Ibid.,* **30** (1929).
　　　　　　　　[4] *Ibid.,* **30** (1928).
　　　　　　　　[5] *Japanese Journal of Mathematics* **6** (1929).
　　　　　　　　[6] *Annals of Mathematics* **49** (1948).
　　　　　　　　[7] *Tôhoku Mathematical Journal* **32** (1930).
　　　　　　　　[8] *Ibid.,* **29** (1928) 384.
　　　　　　　　[9] *Japanese Journal of Mathematics* **6** (1929).
　　　　　　　　[10] *Science Record, Academia Sinica,* **1** (1942).
　　　　　　　　[11] *American Journal of Mathematics* **66** (1944).
　　　　　　　　[12] *Tôhoku Mathematical Journal* **31** (1929).
　　　　　　　　[13] *Science Report, Tôhoku Imperial University,* (1) **17** (1928).
　　　　　　　　[14] *Proceedings Imperial Academy, Tokyo,* **4** (1928).
　　　　　　　　[15] *American Journal of Mathematics* **67** (1945).
　　　　　　　　[16] *Duke Mathematical Journal* **13** (1946).
　　　　　　　　[17] *American Journal of Mathematics* **67** (1945).
　　　　　　　　[18] *Science Record Academia Sinica,* **1** (1945).
　　　　　　　　[19] *American Journal of Mathematics* **67** (1945).
　　　　　　　　[20] *Ibid.,* **66** (1944).

Chow, H. C. ____[1] *Proceedings London Mathematical Society* (2) **43** (1937).

Fatou, P._____[1] *Acta Mathematica* **30** (1906).

Fejér, L._____[1] *Mathematische Annalen* **75** (1909).

Fubini, G._____[1] *Rendiconti del Reale Academia dei Lincei* (5) **24** (1905).

Gergen, J. J.____[1] *Quaterly Journal of Mathematics* **1** (1930).

Gronwall, T. H.__[1] *Mathematische Annalen* **75** (1914).

Haar, A._____[1] Göttinger Dissertation (1909).

Hardy, G. H. ____[1] *Messenger of Mathematics* **49** (1920).
　　　　　　　　[2] *Journal London Mathematical Society* **47** (1918).

Hardy, G. H. and Littlewood, J. E.__
　　　　　　　　[1] *Mathematische Zeitschrift* **19** (1924).
　　　　　　　　[2] *Proceedings London Mathematical Society* (2) **28** (1928).
　　　　　　　　[3] *Journal London Mathematical Society* **1** (1926).
　　　　　　　　[4] *Ibid.,* **7** (1932).
　　　　　　　　[5] *Annali Scuola Norm. Super. Pisa* **3** (1932).
　　　　　　　　[6] *Acta Mathematica* **37** (1914).
　　　　　　　　[7] *Mathematische Zeitschrift* **28** (1928).
　　　　　　　　[8] *Duke Mathematical Journal* **2** (1936).

[9] *Mathematische Zeitschrift* **27** (1928).

[10] *Journal Mathematical Society* **3** (1928).

Hausdorff, F. ____[1] *Mathematische Zeitschrift* **16** (1923).

[2] *Ibid.*, **9** (1921).

Hilb, E. und Szàsz, O.____[1] Allgemeine Reihenentwickelungen, Encyklopädie Mathematische Wissenschaften II, C11.

Hyslop, J. M.____[1] *Proceedings London Mathematical Society* (2) **43** (1937).

Kaczmarz, S.____[1] *Mathematische Zeitschrift* **26** (1927).

[2] *Mathematische Annalen* **96** (1927).

Knopp, K.____[1] *Sitzungsberichte Berliner Gesclschaft* **16** (1927).

Kogbetliatz, E.____[1] *Journal de Mathématiques* (9) **3** (1924).

[2] *Bulletin des Sciences Mathématiques* (2) **49** (1925).

[3] *Mémorial Des Sciences Mathématiques* L1 (1931), Theorème VIII.

Kubota, T.____[1] *Science Report, Tôhoku Imperial University,* (1) **14** (1925).

Lusin, N.____[1] *Comptes Rendus, Paris,* **155** (1912).

Menchoff, D.____[1] *Fundamenta Mathematicae* **10** (1927).

[2] *Ibid.*, **8** (1926).

[3] *Ibid.*, **10** (1927).

[4] *Comptes Rendus, Paris,* **180** (1925).

Misa, M. L.____[1] *Journal London Mathematical Society* **10** (1935).

Obreschkoff, N.____[1] *Bulletin de la Société Mathématiques de France* **62** (1934).

Pollard, S.____[1] *Journal London Mathematical Society* **10** (1935).

Priwaloff, I.____[1] *Rendiconti di Palermo* **41** (1916).

Rademacher, H.____[1] *Mathematische Annalen* **87** (1922).

Riesz, F.____[1] *Mathematische Zeitschrift* **18** (1923).

Riesz, M.____[1] *Acta Mathematica* **49** (1926).

[2] *Comptes Rendus, Paris,* **149** (1909).

[3] *Ibid.*, **148** (1909).

Riesz, F. Riesz, M.[1] Quatrième Congrès des Mathématiques Scandinaves (1916).

Salem, R.____[1] *Duke Mathematical Journal* **8** (1941).

[2] *Ibid.*, **10** (1943).

Stekloff, W.____[1] *Acta Mathematica* **49** (1927).

Szegö, G. ____[1] *Mathematische Zeitschrift* **25** (1926).

Tamarkin, J.____[1] *Annals of Mathematics* **27** (1926).

Titcbmarsh, E. C.____[1] *Proceedings London Mathematical Society* (2) **22** (1923).

Young, W. H.____[1] *Proceedings Royal Society* (A) **85** (1911).

Zygmund, A.____[1] *Bulletin de Cracovie* **6A** (1927).

[2] *Ibid.*, **7A** (1925).

[3] *Journal London Mathematical Society* **3** (1928).